化学実験における
測定とデータ分析の基本

小笠原正明・細川敏幸・米山輝子 著

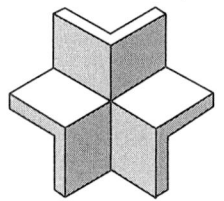

東京化学同人

はじめに

　化学といえば，薄汚れた白衣をまとって試験管などを透かして眺めている学者の姿を想像するが，このようなイメージにはそれなりの根拠がある．化学的思考の出発点は実験と観察であり，それによって得られたデータが化学という学問の真髄をなしている．書物やコンピューター画面からの知識は必要ではあるが十分ではない．実験室で手を動かしながら，一つ一つの操作やさまざまな試薬になじむことが化学的訓練の出発点であることは，今も昔も変わりはない．化学教育はまず実験と観察から始めるべきである．

　化学は専門性の高い分野であり，熟練の技とともにデータ処理についても独特のセンスと手法が要求される．実地訓練を繰返し経験することによってこのようなセンスなどを養い，"常識"として自分のものとして，考えなくても反射的に実行できるようにならなければならない．この本では，そのような常識の一つ一つを"なぜ，そうしなければならないか"というレベルまで立ち戻って解説している．

　第1章と第2章では，高校において化学実験室での訓練をほとんど受けていない学生が，はじめて大学の学生実験室に入ってきたときのことを想定して書かれている．そもそも測定とはどういうことかから始まり，単位とは何か，次元とは何かを説明し，測定に必ず伴う誤差や有効数字の問題を取上げている．専門分野の人にとっては当然と思われることでも，新しい人たちにとってははじめて聞くことが多いだろう．この部分を担当した著者の一人は，長年の経験から実験室における学生の実態を知り抜いており，その指導の仕方に工夫を重ねてきた．この二つの章は，本書の性格を端的に表す重要な導入部分といえる．第3章はその延長で，実験で得られたデータをどのように処理すべきかを解説している．

　第4章では，化学における測定において必要とされる基礎的な数学について触れている．大学3年次までの化学実験では，特に難しい数学は必要とされない．線形代数の基本的なところと微分・積分の初歩をマスターしていれば，一応データの解析ができるようになっている．しかし，化学の実験において頻繁に使われる数学的技法についての説明が，数学の授業ではあっさり済まされていたり，場合によってはまったく触れられていないということもあり得る．そこでこの章では，化学の測定において常識とされている数学的

なトピックスをいくつか取上げ，実際の実験と結びつけながらその物理的意味に重点を置いて説明した．オーソドックスな数学とは力点の置き方に違いがあることに気づくであろう．

第5章から第7章では，化学の分野で必要な統計的な分析法を取上げている．ダイオキシンなどの環境毒性の問題にしても，環境ホルモン（内分泌撹乱化学物質）の問題にしても，測定で得られたデータの統計的な意味を理解していないと正しい議論ができない．しかし，統計学の専門書は一般にとりつきにくく，初学者にとっては手に余るものが多い．ここでは統計的な考え方の説明に力点を置き，統計学に特有な用語の意味と実験との関係がわかるようにした．また，統計的に処理して簡単な検定を行う方法や，市販のソフトウエアの使い方も説明している．検定に必要な数表や数学的な補足は，付録の形でまとめられている．この部分は，疫学の分野ですぐれた実績をもつ著者の一人が担当した．化学分野の学生に対する統計学の入門編として活用されれば幸いである．

最後の第8章には，実験で得られた結果に基づいて報告書を書くためのノウハウがまとめられている．報告書の重要性は今さらいうまでもないが，文章を書くことを苦手とする理系学生は少なくない．文章とは一定の事実とそれに基づいた自分の考えを相手に伝える手段であると割り切れば，書き手の心中におのずから文章がわき出てくるはずである．"考えるように書き，書くように考える"方法を早く自分のものにしてほしい．

本書は今の化学系の学生に欠けている常識を補うつもりでつくり始めたが，結局は著者たちが教育の現場で日頃言いたいと思っていたことをそのまま表現するものとなった．ある学問分野の"常識"とは，その分野のエートス（精神）そのものなのだということが本書からもうかがえると思う．

最後になったが，お忙しいなか第4章を草稿の段階で通読され，"算木"のコラムを書いてくださった北海道大学高等教育機能開発総合センターの西森敏之教授（数学），また同じく第4章をていねいに点検してくださった北海道大学大学院工学研究科の小泉 均助教授（物理化学）に心よりお礼を申し上げたい．

2004年2月

著者を代表して

小 笠 原 正 明

目 次

1. 実験の前に …………………………………………1
- 1・1 測定値とは …………………………………1
- 1・2 測定データの分類 …………………………4
- 1・3 単 位 …………………………………………8
- 1・4 測定値の精確さと誤差 ……………………12
- 1・5 有効数字 ……………………………………19
- 1・6 まとめ ………………………………………24

2. データをとる …………………………………………25
- 2・1 計測器 ………………………………………25
- 2・2 測 定 …………………………………………32
- 2・3 データの読み取り …………………………34
- 2・4 記 録 …………………………………………39
- 2・5 まとめ ………………………………………43

3. データの解析 …………………………………………44
- 3・1 データの整理 ………………………………44
- 3・2 測定誤差と計算誤差 ………………………45
- 3・3 相関のある場合 ……………………………49
- 3・4 相関の定量的取扱い ………………………53
- 3・5 まとめ ………………………………………56

4. 身につけておきたい数学的常識 … 58
- 4・1 はじめに … 58
- 4・2 最も基礎的な自然の定数 π と e … 58
- 4・3 グラフによる実験データの表示 … 62
- 4・4 微分の復習 … 65
- 4・5 積分の復習 … 68
- 4・6 テイラー展開とマクローリン展開 … 70
- 4・7 微分方程式を解く … 73
- 4・8 フーリエ変換 … 78

5. 統計学的分析とは何か … 85
- 5・1 はじめに … 85
- 5・2 統計学の基礎 … 87
- 5・3 平均値,自由度,標準偏差,標準誤差の定義と計算 … 93

6. 検定方法の実際 … 99
- 6・1 はじめに … 99
- 6・2 相関係数の検定(回帰分析) … 99
- 6・3 平均値の差の検定(t検定) … 104
- 6・4 χ^2 検定 … 108
- 6・5 U 検定 … 110
- 6・6 χ^2 分布を利用した適合度の検定 … 112
- 6・7 t 分布を利用した増山の棄却検定 … 113
- 6・8 分散分析 … 113

7. 統計学あれこれ … 117
- 7・1 はじめに … 117
- 7・2 統計学的検定の手法の種類 … 117
- 7・3 パーソナルコンピューターによる統計処理 … 121
- 7・4 英文表記 … 124
- 7・5 統計学をいかに利用するか … 125

8. レポートを書こう ……………………………………………129
  8・1 はじめに …………………………………………………129
  8・2 学生実験のレポート ……………………………………130
  8・3 レポートの文体 …………………………………………131
  8・4 文章の構造 ………………………………………………136
  8・5 レポートを書く前に ……………………………………138
  8・6 レポート作成の実際 ……………………………………140
  8・7 レポートを書き終わったら ……………………………144
  8・8 終わりに …………………………………………………145

参考図書 …………………………………………………………147
付録A 数 学 ……………………………………………………150
付録B 検定に使用される表 …………………………………154
索 引 ……………………………………………………………163

コ ラ ム

華 氏	9
pHメーターの校正	18
ロバの感度限界はワラ1本	18
伊能忠敬の測量	26
気圧計を使った測定	29
検 量 線	30
副 尺	38
偶然か必然か	43
体脂肪計	57
算 木	84
科学における外来語について	146

1. 実験の前に

　自然現象を詳しく観察していると現象の法則性に気づくことがある．そこで法則性について仮説を立て，実験からその実証を試みる．実験結果が仮説と矛盾しないものであれば仮説は成立する．さらに条件を広げて一般化しても仮説が成立するのであれば，その仮説は理論として認められる．これがニュートンを初めとして近代に行われてきた自然科学の方法である．この方法に従って自然科学を追求する者は実験結果の解析を避けて通れない．実験結果の解析のためには実験データの"科学的"な処理が必要となる．自然科学だけでなく心理学や教育学などの人文科学分野で実験を行う場合も同様にデータを"科学的"に処理しなければ説得力のある結論を導くことができない．本章では実験を行う自然科学者，さらに広くさまざまな分野で実験を行う者が実際に実験に取り掛かる前に，そもそも実験データとはどんなものか，データを処理するにはどんな問題があるのかを述べたい．

1・1　測定値とは
● 測定の始まり

　太古，人々が狩猟生活をしていた時代を想像してみよう．人々はやりを持って獲物を探す．どれほど歩けば狩に適した場所に移動できるか，何時ころに動物が多く見られるかなど，経験から狩に最適な条件を見つけるだろう．実際に動物が遠くに見えてきたら，その大きさはどれほどか，そこまでの距離はどれくらいかの見当をつけてやりを放つタイミングをはかる．何回も失敗しながら腕を上げただろう．首尾よく獲物を手に入れるためにはこれらの目測は必須だ．各人が経験的に行った，勘による"測定"の始まりだ．

　もちろん狩の道具は優れたものでなければならない．その優劣がグループの生存を左右する．やりの柄の長さ，穂先の幅や角度などの最適値を決めるのは試行錯誤

の連続であったろう．個人あるいはグループ内で工夫して物差しや分度器を作っていたと想像される．"計測器"の始まりである．

　苦労の末に仕留めた動物の肉を持ち帰ってグループ内で人々が分けるとき，人は切り取られた肉の質と大きさを目で見て直感的に自分の食べるべき肉片を選んだだろう．大きそうに見えても実際に手で持ってみたら意外に軽かったと悔やむ者もいたに違いない．つぎには肉片を手で持ち比べることを思いつくのは自然のなりゆきだ．そのころは自分だけの基準やグループ内だけの基準でそれらの量をはかり，量の大きさを表していたと思われる．

　狩猟というある意味では消極的な収穫の方法から牧畜あるいは農業という積極的な収穫の方法に移行すると，人々は専門によって遊牧民族と農耕民族に分化し，両者が出会って動物の肉と穀物とを交換することになる．そこでは肉と穀物との等価値交換をする必要に迫られる．それぞれの肉について，牧畜民族が農耕民族から受け取るべき穀物の量をどう決めたらよいだろうか．肉を手にとって重さを比べるとどちらが重いかは手の感触でわかるが，それが正しいかどうか頼りないものであろう．一方の肉が他方の何倍の重さかを感触から知るのは不可能であろう．このころ（紀元前 7000 ～ 5000 年）天秤が発明された．

● 単位の誕生

　天秤の左右の皿に同じ種類の物 2 個をそれぞれ載せれば重さを比較することができる．つぎには左の皿に肉を載せ，右の皿に別の種類の物を載せて比較することも思いつくだろう．大きさのほぼ等しい石を右の皿に載せ，釣り合いがとれるように石の数を変えてみることも思いつくだろう．そこで分銅という概念が生まれたはずだ．重さの基本単位としての分銅が考え出され，1 個目の肉が分銅 3 個分であり，2 個目は 6 個分であったとすれば，重さは 2 倍と結論できる．

　こうなれば別の村の部族と物々交換するとき，先に用いたのと同じ分銅を持参すれば等価値交換が簡単にできる．"このヒツジの肉は分銅 10 個分だ"，などと重さを表現できる．分銅 1 個あたり受け取るべき穀物の量も容易に導き出される．

　もし，こちらの村の分銅と隣村の分銅が共通していれば隣村まで分銅を持っていかなくても交渉できる．"むこうの村で分銅 20 個分のイノシシの肉を持って来るらしい"と聞けば，隣村では実物を見なくても"なかなか大きいな"と推測できる．隣村だけでなく，地方全体で共通した分銅を使うようになれば便利さはいっそう増

す．イギリスで現在もストーン（stone，約 6.35 kg）という重さの単位が体重など
を表すのに日常的に用いられているが，分銅に石を使っていた歴史がしのばれる．
物の重さを基本単位の何倍の重さであるかにより表すと，異なる人が異なる時間や
異なる場所で重さを普遍的に理解することができる．

　文明の発達に伴って薬剤の調合，純度一定の金装飾品や貨幣の鋳造など，質量を
精確に測定する必要性はどんどん増し，それに伴って精確な計測器が開発された．
紀元前 2000 年ころのメソポタミアで用いられていた 2 mina（約 1 kg）の基準分銅
の実物（図 1・1）が大英博物館に展示されている．紀元前 1400 年ころの古代エジ
プトの"死者の書"の中には天秤で死者の心臓を測る場面があり，図 1・2 に鮮明
に天秤が描かれている．

図 1・1　メソポタミア・新シュメール時代の公式分銅［ウル出土・大英博物館所蔵］

図 1・2　古代エジプトの死者の書［テーベ出土・大英博物館所蔵］

人々が家や道具を作る過程で，重さだけでなく長さや体積などについても基本単位が考え出され，それを用いて測定が行われただろう．長さの単位として指幅，腕や足の長さが各地で共通して用いられているのが興味深い．尺貫法の尺は手首から曲げたひじまで形を表した漢字であるし，ヤード・ポンド制におけるフィート（1 foot，2 feet …）は足の長さを意味するローマ帝国時代の基本単位の名残である．1 foot は 30 cm 強であるから当時のヨーロッパ人の足の大きさが推測できる．このようにしてつくり出された基本単位はしだいに広い地域で共通したものになった．

1・2 測定データの分類
● 分類の方法

このように"測定"といえば重さや長さのような量を測ることをまず思いつく．上に述べたように基準となる量を決めれば人，場所，時間を問わずに普遍的に量を理解することができる．

測定には数値が伴うものとの固定観念がある中で，世の中のさまざまな事物は数値を伴っていないことが多いから測定とは無関係にみえる．しかし，測定するのは量だけだろうか．レストランでは店の雰囲気，店員の接客態度，料理の味などのアンケートをとっている．クレジットカードの申し込みには興味のある旅行先や購読している新聞名などを記入させられる．海外旅行に行けば入国審査で氏名，性別，

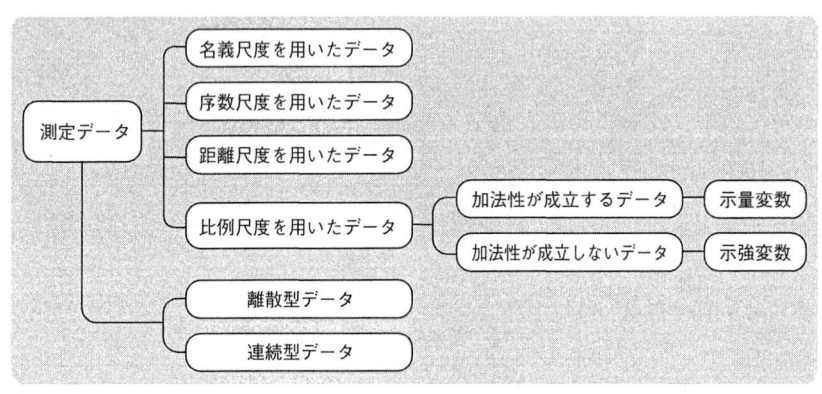

図 1・3　測定データの分類

年齢，国籍などを質問される．これも"測定"の一種と考えられないだろうか．

およそこの世の中で識別されるすべての事物を数または符号で対応させることは可能である．この事物と数や符号とを対応させる規則を尺度といい，つぎの4種の尺度が存在する．量だけでなく物の性質も含めての"測定データ"とはどんなものか，その種類について考えてみよう．

測定データは図1・3のように尺度の種類，あるいは連続性の有無により分類される．

● **尺度による分類**

名義尺度（nominal scale） （1.男，2.女）とか（1.有，2.無）など数字が付随しているが，数学的には全く意味をもたない尺度．1と2を逆転させてもなんら違いがなく，数字の大小を数値として比較することはできない．順序をランダムに変えてもよいし，A, Bやア，イに置き換えても問題ない．

序数尺度（ordinal scale） （1.まずい，2.普通，3.おいしい）とか，モースの硬さ1～10など順序という意味で数字が付随しているが，数学的な間隔として扱うことができない尺度．（1.おいしい，2.普通，3.まずい）と逆方向の順序にしても構わない場合もあるが，名義尺度のように数字の順序をランダムに変えることはできない．事象の傾向を定性的にみることができる．

よくある話 アンケート結果の解析

"店員のサービスはどうでしたか？（1.非常によい，2.よい，3.普通，4.悪い，5.非常に悪い）の中から選んでください"といったアンケートで，項目の番号と人数の積を求め，全人数で割って平均値を出していることがある．

尺度の数字		1	2	3	4	5	合計人数	数字×人数	平均
人数	A	0	4	9	3	0	16	47	2.9
	B	2	3	4	3	3	15	47	3.1

A店とB店でサービスの差があるといえるだろうか．"非常によい"，"普通"，"非常に悪い"が等間隔であるとは限らない．傾向を知ることはできても数値計算には無理がある．

距離尺度（interval scale）　　摂氏温度，時刻など等間隔ではあるが，比例関係の成立しない尺度．絶対温度や時間という比例尺度に換算することができる．

比例尺度（ratio scale）　　質量，長さ，絶対温度など．量の間に比例関係が成立して加減乗除など数学的な処理が可能であり，処理した結果が意味をもつ尺度．

自然科学分野の多くの測定データは比例尺度をもっている量であり，物理学の理論体系に基づいた物理量である．測定した量が単位量の何倍であるかを決定し，測定値に当てるべき数値を決定する．

質量を例に取ると単位量が 1 kg，測定した質量は 1 kg の a 倍に相当したとすれば質量の測定値はつぎのように表される．

$$1\,\mathrm{kg} \times a = a\,\mathrm{kg}$$

a が数値，kg が単位である．同時にその物体の体積が $1\,\mathrm{m}^3$ の b 倍に相当したとすれば体積の測定値は

$$1\,\mathrm{m}^3 \times b = b\,\mathrm{m}^3$$

となる．密度は質量を体積で割ったものであるからつぎのようになる．

$$\frac{a \cdot \mathrm{kg}}{b \cdot \mathrm{m}^3} = \frac{a}{b} \cdot \frac{\mathrm{kg}}{\mathrm{m}^3}$$

$$= \frac{a}{b} \cdot \mathrm{kg} \cdot \mathrm{m}^{-3}$$

$\frac{a}{b}$ が数値で，$\mathrm{kg} \cdot \mathrm{m}^{-3}$ が単位である．一般化すればつぎのようにいえる．

> 物理量は数値と単位との積で表される．

● **加法性による分類**

比例尺度をもつ測定データは数学的な処理の可能性によって，さらに 2 種類に分類できる．

試料 x および y についての測定データを関数 $f(x)$ および $f(y)$ として表したとき，x と y とを合わせた試料（$x+y$）についての測定データ $f(x+y)$ との間につぎの関係が成立すれば，f には加法性（additivity）が成立するという．

$$f(x+y) = f(x) + f(y)$$

そこでこの加法性が成立するか否かでデータを分類することもできる．

1・2 測定データの分類

加法性の成立する物理量　　質量，物質量，長さ，力の大きさなど．

例：加法性の利用

液体や粉末の質量を求めるとき，まず空の容器の質量 m_0 を測定し，つぎに試料を入れた容器の質量 m_1 を測定する．両者の差から試料の質量 (m_1-m_0) が得られるのはこの加法性を利用している．

溶液試料の吸光度を測定するときに溶媒のみをセルに入れて吸光度 A_0 を測定し，つぎに試料溶液をセルに入れて吸光度 A_1 を測定する．試料の吸光度はゼロ点補正して (A_1-A_0) とするのも同じ原理である．

加法性の成立しない物理量　　温度，圧力，密度，波長など．

例：加法性の成立しない場合

温度 T_1 の水を温度 T_2 の水と混合しても温度は (T_1+T_2) にならない．また，塩化ナトリウム濃度 C_1 の水溶液と C_2 の水溶液を混合しても濃度は (C_1+C_2) ではない．水（質量 m_1）とエタノール（質量 m_2）とを混合すると質量は (m_1+m_2) になるのに対し，水（体積 V_1）とエタノール（体積 V_2）とを混合しても体積が (V_1+V_2) とはならない．これらでは加法性が成立しない．

特に物理量が状態量（物質系の状態を決定する変数）である場合，つぎの2種の変数名を用いる．すなわち，**示量変数**（extensive variable）とは物質量，エンタルピーなど，系の体積または質量に依存する状態変数のこと．その間に加法性が成立する．これに対し，**示強変数**（intensive variable）は温度，圧力，濃度など系の体積または質量に依存しない状態変数のことで，単純な加法性が成立しない．

状態変数が一様な系では示量性変数の比をとると示強性変数となる．

例：示量性変数の比

密度 d は示強変数であるが，質量 m と体積 V との示量変数の比で表される．

$$d = \frac{m}{V}$$

また，濃度 c は物質量 n と溶液体積 V との示量変数の比で表される．

$$c = \frac{n}{V}$$

● **連続性による分類**

以上の分類とは独立して，数値を伴うデータについては連続性の有無から分類することもできる．

離散型データ（discrete data） 生産した自動車の台数，高層ビルディングの階数，崩壊した α 粒子の数，発生した菌のコロニー数など整数，あるいはその倍数でなければ意味をなさないもの．

連続型データ（continuous data） 質量，体積など連続した値をとることが可能なもの．自然科学分野の多くの測定データは連続型に属する．

1・3 単　位

● **単位とは**

前節で分類したように物理量は比例尺度をもっており，その測定値はつぎのように数値と単位（unit）との積で表される．

$$物理量 \ = \ 数値 \times 単位$$

数値（digit）はその英語の示すように無論，デジタル（digital）で表示される．ある物体の質量が 5 g であるとき，5 が数値，g が単位である．5 g は 1 g という単位質量の 5 倍の質量であることを示している．同様に 500 g は 1 g の 500 倍，100 g の 5 倍の質量であり，すべての領域でこのような比例関係が成立している．

再び測定の歴史をふりかえってみる．生活に密着した重さ，長さ，体積などの単位が初めに考え出されただろう．これらの単位を広範囲で使うために，個人だけの基準ではなく一つの村の中で通用する単位が決められ，つぎに隣村とも共通するようになり，県や地方に広がる．交流が広がるにつれ，地方間で異なる単位を使うことの不便さが認識される．そして中央集権化とともに，単位を国内共通とするように法律などで取り決められた．日本の尺貫法やアメリカ・イギリスのヤード・ポンド法がこれに相当する．

つぎには国際化の時代到来となる．特にヨーロッパで多国間の貿易がさかんになると，各国間の単位の違いを取り払い，国際単位を取り決める必要性が生じた．その結果，生活分野ではメートル (m)，キログラム (kg)，秒 (s) を使う MKS 単位系が使われるようになり，自然科学の分野では MKS にアンペア (A) を加えた MKSA 単位系をベースに国際単位系 (SI) が採択された．ちなみに，SI はフランス語の

System International d'unités の略で,アメリカ主導の"国際化"が多い中,これはフランス主導である.ただし現在は International System of Units とも書かれる.

1799 年にはナポレオン統治時代のフランスが白金製のブロックゲージ型メートル原器を完成させている.日本でもこれに準拠した 1 m の折れ尺物差しを古河藩士 鷹見泉石が 19 世紀前半に自らの測量・製図用具コレクションに加えている.1875 年にはフランスでキログラム原器の製作にとりかかり,各国間で"SI の普及に努める"というメートル条約を締結した.キログラム原器は白金 90 %,イリジウム 10 % の組成で,直径約 39 mm の円柱状,その精度は 10^{-8} kg である.1885 年,日本もメートル条約に加入した.

自然科学分野ではメートル条約に従って単位の国際化が急ピッチで進んだが,生活分野では古来の単位を捨てて新しい単位を取入れるのに時間を要した.日本で尺貫法を廃止したのは 1959 年である.アメリカでは生活単位としていまだにヤード(約 0.91 m),ポンド(約 0.45 kg),ガロン(約 3.8 L),華氏温度などを使っている.イギリスにも根強く残っており,イギリスの影響が強かったオーストラリアなどの国々が国際単位系にすっかり移行したのと対照的である.複雑なことには,イギリスガロン(4.5 L)とアメリカガロン(3.8 L)とは異なる.これらの国では国際単位系導入を試みながらも人々の抵抗が強く,国際単位の面で世界に遅れをとっている.

華 氏

華氏温度はドイツの物理学者 Fahrenheit が 1724 年に考案した.華氏 32 °F および 212 °F がおのおの摂氏温度 0 °C および 100 °C に等しく,1 年を通したヨーロッパの気温がマイナス符号を用いず,ほどよい数値(0〜100)で表されるようにつくられた.Fahrenheit 氏を中国で華倫海氏と書くことから華氏と表示される.ちなみに摂氏温度はスエーデンの物理学者 Celcius(摂爾修)が 1742 年に考案した.

● 基 本 単 位

種々の物理量はいくつかの基本単位を組合わせて表すことができる.その組合わせ方法は一義的ではないが,SI ではつぎの 7 種を基本単位としている.同時に基本単位の 10 の累乗倍の単位を表す k(キロ:10^3),m(ミリ:10^{-3}),n(ナノ:10^{-9})などの接頭語も定められている.その他の物理量を表すための単位(組立単

位）はこれらの7種の基本単位の組合わせにより誘導される．7種の基本単位の定義は測定技術の発展とともに変化しており，初めてメートルが定義された1799年には北極から赤道までの長さの10^7分の1が1mであった．以下に7種の基本単位の定義を示す．

時間 T〔sec〕　^{133}Csの基底状態の二つの微細構造準位（F＝4, M＝0：F＝3, M＝0）間の遷移に対応する放射の9192631770周期の継続時間（1967年より）．

長さ L〔m〕　光が真空中で1/299792458秒間に進む距離（1983年より）．この定義は，長さの単位であるにもかかわらず時間を含んでいる．これは時間の測定の方が長さの測定より精確なので，光速を不変値と決めたためである．

質量 M〔kg〕　キログラム原器の重さ（1889年より）．

温度および温度間隔〔K〕　水の三重点の温度の1/273.16．

電流〔A〕　真空中に1mの間隔で置かれた無限に小さい円形断面積をもつ，無限に長い直線状導体のそれぞれを流れ，これらの導体に長さ1mごとに2×10^{-7} Nの力を及ぼしあう一定の電流．

物質量〔mol〕　0.012 kgの^{12}Cに含まれる原子と等しい数（アボガドロ数）の構成要素を含む系の物質量．

光度〔cd〕　周波数540×10^{12} Hzの単色放射を放出し，所定の方向の放射強度が$1/683$ W·sr^{-1}である光源のその方向における光度．

よくある話　単位のないデータ

日本の運転免許をもっている者は交通標識"最高速度50"が毎時50 kmを意味すると知っている．アメリカの交通標識"50"は毎時50 mileを意味する．両者は1.6倍も異なる．キロメートルをマイルと混同していたら日本ではスピード違反になる．

実験データを記録するときに単位をつけ忘れることがある．SI単位を用いていても"速度50"が"毎時50 km"なのか，"毎分50 m"なのか，"毎秒50 cm"なのか，すべて異なる．また分光光度計を用いた測定では入射光を表すのに波長〔nm〕であるか，波数〔cm^{-1}〕であるか，エネルギー〔eV〕であるかによって数値が全く異なる．ESRのg値や屈折率など初めから単位をもたない変数（無次元変数という）を除けば，"単位のないデータ"は他のデータと比べることができず，無に等しい．

● 次元解析

単位には**次元**（dimension）がある．上の7種の基本単位の組合わせからすべての単位を誘導できるが，その組合わせの中における各基本単位のべき数（基本単位Xのy乗，すなわちX^yであればyがべき数）を次元という．このとき各基本単位について重さを[M]，長さを[L]，時間を[T]のようにアルファベットの大文字で表すと簡単である．

例：単位の次元

加速度：$g = 9.8$ m/s^2 のように[長さL]の$+1$乗と[時間T]の-2乗の積だから次元はLについて1次，Tについて-2次となる．圧力は1 kg 重/m^{2}のように力[MLT^{-2}]の$+1$乗と面積[L^2]の-1乗の積で表され，MLT^{-2}·L^{-2} = ML^{-1}T^{-2}となる．次元はMについて1次，Lについて-1次，Tについて-2次となる．

数式中で物理量を扱うとき，式の両辺の次元を確かめることを**次元解析**という．両辺の次元が一致していなければ等式とならない．逆に新しい物理量を数式から誘導する場合に式の両辺を次元解析することからその物理量の次元が導かれる．

よくある話　反応速度定数の単位

1次反応 A → B の反応速度式がつぎのように表されるとき

$$-\frac{d[A]}{dt} = k[A]$$

速度定数の単位を mol·s^{-1} とするのは誤りである．反応速度定数の単位は反応次数に依存する．これを調べるのに次元解析を行うと簡単である．左辺の[A]は物質量をNと表せばN^1，時間の逆数はT^{-1}であるから，それらの微分も同様の次元をもち，左辺全体はNT^{-1}である．一方，右辺では[A]がN^{1}であるから，右辺$k[A]$がNT^{-1}に一致するためには速度定数kはT^{-1}と導かれる．ゆえに物質量の単位に mol，時間の単位に s を用いるとkの単位は s^{-1} となる．

濃度変化量$\frac{d[A]}{dt}$の測定時間間隔を秒単位で表すか，分単位で表すかによってkの数値は60倍も異なるので単位を忘れては重大な誤りにつながる．

では2次反応 2A → B ではどうか．速度式は以下のようである

$$-\frac{d[A]}{dt} = k[A]^2$$

左辺は1次反応と同じくNT^{-1}，右辺の$k[A]^2$がこれに一致するためにはkはN^{-1}T^{-1}で表されなければならない．ゆえにkの単位は mol^{-1}·s^{-1} となる．

1・4 測定値の精確さと誤差
● 不確かさを表す用語の定義

先に述べたように測定値は不連続（デジタル量）である数値と単位の積で表される．しかし実際に測定されるはずの真の値は多くの場合，連続変数（アナログ量）であるから，デジタル量である測定値と真の値との差が必然的に生じる．しかも測定しようとする真の値は未知である．そのために測定値は常に不確かさを伴う．これまで定義なしにいくつかの言葉を用いてきたが，ここでは測定値の不確かさを表す用語を紹介し，つぎに不確かさの取扱いについて検討したい．

以下の用語は国際的に ISO 規格（国際標準化機構 International Organization for Standardization の定めた規格のこと．英語で書かれている）で定められ，これを国内で適用するために日本工業規格 JIS（Japan Industrial Standard）が日本の事情を考慮して日本語に翻訳・定義している．しかしこれらの用語間には使用する分野により微妙な違いが存在するのが実態である．

ここでは主として ① JIS Z8101-2（統計用語）および ② JIS Z8103（計測用語）に基づいた定義を　　内に示す．

真の値（true value）

> 正しい数値は無限数で表される（すなわち有限の数値で表すことができない）ものなので，あくまでも仮想的な値である．しかし標準器によって表された値や試料平均値のように"取り決めにより定めた真の値"も真の値とする．

これから測定しようとするのが真の値だから，現実には真の値などわかるはずがない．しかるにこれを定義しなければならないところが悩みの種である．

測定値（measured value）

> 個々の測定によって得られた値またはその補正値あるいは平均値．

生の測定データを"測定値"というほかに，ゼロ点補正や校正曲線を用いて補正した値を"測定値"とよぶ場合もある．さらに複数回の測定を行って平均値を求め，これを"測定値"として議論することもある．これらの区別を明らかにしてから用いなければならない．実際の論文では，使われている測定値の定義が文中に説明されているはずである．

1・4 測定値の精確さと誤差

誤差（error）

> 測定値から真の値を引いた値．

これも"真の値"がかかわっているので扱いにくい．

系統誤差（systematic error）

> 計測器の誤差，個人による誤差など測定値の平均を真の値から偏らせるような原因による誤差．

真の値から一定の方向に偏っており，統計的に処理できない誤差である．しかし計測器の校正や測定者の交代によって系統誤差を補正したり，系統誤差の大きさを見積もったりできる．

偶然誤差（random error）

> 測定環境，電源電圧のゆらぎなど突き止められない原因によって起こり，測定値のばらつきとなって現れる誤差．

ばらつきは一定方向に偏らず，統計的に処理することが可能な誤差である．したがって，測定値を統計的に処理する場合にあらかじめ系統誤差を見積もって取り除き，偶然誤差のみを含むようにすることが望ましい．

正確さ（trueness）

> 偏りの小さい程度．系統誤差の小ささ．

真の値に近いほど正確であるといえる．

精度(統計用語)／**精密さ**(計測用語)（precision）

> ばらつきの小さい程度．偶然誤差の小ささ．

平均値のまわりに測定値が集中しているほど精密であるといえる．この言葉はJISの ① 統計用語 では精度，② 計測用語 では精密さといい，分野により訳語が異なっている点に注意が必要である．

精確さ(統計用語)／**精度**(計測用語)（accuracy）

> 正確さと精密さを含めた測定値と真の値との一致の度合い．

測定は正確かつ精密，すなわち"精確さ"が要求される．JISの①統計用語では精確さ，②計測用語では精度といい，これも訳語が異なっている．

ここで問題となるのは"精度"の二義性である．混乱を避けるために本書では"精度"という語は使わず，precisionは"精密さ"，accuracyは"精確さ"と表現する．

● 測定値の分布

測定値には不確かさが伴うことを前に述べた．一つの量をn回測定すると毎回同じ値が得られるとは限らず，測定値x_iは真の値のまわりに分布（この分布については5章で詳しく説明）する．測定回数nを増していくと分布はなだらかな曲線（度数分布曲線とよぶ）に近づくと予想される．

自然科学の測定実験では，多くの場合に度数分布曲線は左右対称の釣鐘型となり，この形は正規分布（normal distribution）あるいはガウス分布（Gaussian distribution）として表される．正規分布曲線は極大点$x = \mu$を中心に左右対称で，変曲点は$x = \mu \pm \sigma$である．σは$(1・2)$式で表され，標準偏差に対応する．

度数分布曲線が最大となる最頻値μ，これは左右対称な分布であれば同時に中央値となるが，それが真の値と予想される．この度数分布曲線を用いて正確さおよび精密さを表すと図1・4のようになる．

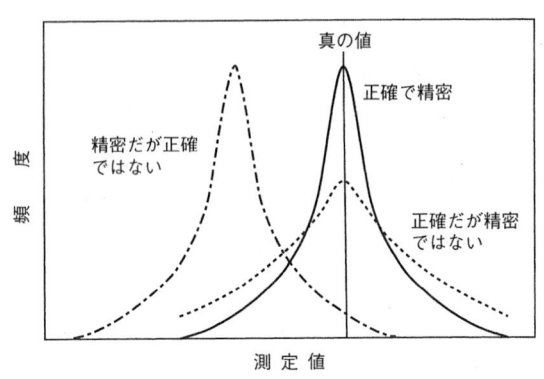

図1・4　正確さと精密さ

現実には必ずしも左右対称ではない分布も存在する．図7・3には多様な分布曲線が示されている．このような分布には別の解析方法をとらなければならない．

1・4 測定値の精確さと誤差

● 平均値と標準偏差

自然科学における測定値の分布はほとんどの場合，正規分布と考えられる．前に述べた"不確かさを表す用語"は測定値の分布が正規分布であることを前提にしている．その中で使われている"平均値"と"標準偏差"の2語をここで簡単に説明する．

測定したい量 x は無限個のデータを含み，それらのデータが正規分布していると考える．無論，各データは同じ単位を用いる．これを**母集団**（population）とよぶ．最頻値すなわち真の値は $x = \mu$ であり，μ を測定から推定しようというわけである．無限回の測定は不可能なので n 回測定を行い，測定値 $x_1, x_2, \cdots x_n$ を得た．これは無限個のデータで構成される母集団の中から n 個のデータ $x_1, x_2, \cdots x_n$ を取出したことと考える．取出されたデータを**標本**（sample）とよぶ．

誤差 ε_i は先の定義より測定値と真の値との差であるから

$$\varepsilon_i = x_i - \mu \tag{1・1}$$

であり，その誤差のばらつきを示すものが母集団の**標準偏差**（standard deviation）である．これを**母標準偏差**（population standard deviation）σ で表し，"誤差の二乗の平均値の平方根"と定義する．ここで式の煩雑さを避けるために Σ の記号は $i=1$ から n までについての和を意味するとする．

$$\sigma = \sqrt{\frac{(x_1-\mu)^2 + (x_2-\mu)^2 + \cdots + (x_n-\mu)^2}{n}} = \sqrt{\frac{\sum(x_i-\mu)^2}{n}} \tag{1・2}$$

母標準偏差 σ を"誤差の二乗の平均値の平方根"とするのはつぎのような理由からである．ばらつきを誤差の単純平均とすれば最も理解しやすいかもしれないが，ε_i は0の両側にばらついているので単純和をとると正負が打ち消しあってほとんど0になる．これではばらつきを比較できない．絶対値の和をとれば0にはならないが，絶対値記号をとるときに数学的な処理が複雑になる．そこで上の定義を用いたのである．

μ は未知なので，その確からしい値として標本の**平均値**（average value/mean value）を用いる．平均値 $\bar{x}$ は測定値の算術平均としてつぎのように定義される．

$$\bar{x} = \frac{x_1 + x_2 + \cdots + x_n}{n} = \frac{\sum x_i}{n} \tag{1・3}$$

平均値と測定値との差 Δ_i（この場合，残差という）は

$$\Delta_i = x_i - \bar{x} \tag{1・4}$$

と表され，そのばらつきを示すものを標本の標準偏差，すなわち**標本標準偏差** (sample standard deviation) s とする．これはつぎのように定義される．

$$\begin{aligned} s &= \sqrt{\frac{(x_1-\bar{x})^2 + (x_2-\bar{x})^2 + \cdots + (x_n-\bar{x})^2}{n-1}} = \sqrt{\frac{\sum(x_i-\bar{x})^2}{n-1}} \\ &= \sqrt{\frac{n\sum x_i^2 - (\sum x_i)^2}{n(n-1)}} \end{aligned} \tag{1・5}$$

母標準偏差 σ と標本標準偏差 s との関係を調べると s は σ の優れた推定値であることがわかる（付録A**1**参照）．

・・

例：品質管理

　工場で1万本生産したネジが規格に適合しているか検査するとき，1万本全部の測定は経費と時間の面から無理である．そこでたとえば100本を抜き取って"標本"とする．このとき特定の時間内に生産されたものや，特定の機械で生産されたものだけを標本とするのではなく，ランダムに抜き取って標本とする必要がある．品質管理は工場の中で重要な部門である．

　植物の種を生産している農園では発芽試験をして発芽率を保証している．生産した種を全部発芽試験に使ってしまえば販売すべき種が残らない．そこでネジの場合と同様に一部を標本として抜き取って発芽試験を行う．

・・

　いま定義した標本標準偏差のほかに，母標準偏差を求める式の μ を平均値 $\bar{x}$ に置き換えた (1・6)式から求めた標準偏差 s を用いることもある．

$$s = \sqrt{\frac{(x_1-\bar{x})^2 + (x_2-\bar{x})^2 + \cdots + (x_n-\bar{x})^2}{n}} = \sqrt{\frac{\sum(x_i-\bar{x})^2}{n}} \tag{1・6}$$

(1・5)式では1回測定しただけ，つまり $n=1$ のとき，分母が0となって計算不能であるから $n=1$ の標準偏差を考えない．一方，(1・6)式では $n=1$ のとき s の計算が可能であって，$\bar{x} = x_1$ であるから $s=0$ となる．0より小さい標準偏差は存在しないので標準偏差の最小値（最も確からしいことを意味する）となる．

1回だけの測定が複数回の測定に比べて最も確からしい値を与えるというのでは現実と一致しない.そこで,ほとんどの場合に標準偏差として (1・6)式ではなく,(1・5)式の s を用いる. n が十分大きいときには両式の値はほぼ一致する.

工場で多量の製品を生産し,その大きさを全部測定して平均とばらつきを調べる場合(自動車など安全性を重視するものは製品すべてを検査しているはず)では標本がすなわち母集団である.平均値は真の値と一致するので標準偏差として (1・6)式の s を用いればよい.

標準偏差の計算は電卓やパソコンソフトに組込まれており,それを使えば簡単である.電卓やパソコンソフトにプログラムされている標準偏差が (1・5)式によるのか,(1・6)式によるのかを確認してから使おう.

● **計測器についての用語**

測定値の不確かさを表す用語を定義したが,測定する計測器の不確かさを表す用語も定義しよう.

確度(accuracy)　計測器がどれほど精確に測定できるかを表し,"確度の高い計測器"のように用いる."確度の高い測定値"といわない.測定して得られた値の精確さに対応する.

感度(sensitivity)　感度という言葉も混乱して使用されている.まず計測器が測定しうる最小量を意味する感度限界(sensitivity limit:分解能ともいわれる)を意味する場合がある.また,計測器に入力された量に対する出力の大きさの比を意味する感度係数(sensitivity coefficient)の意味で用いられる場合もある.

例: 天秤の感度限界

標準的な化学天秤の感度限界は $0.0001\ g$ であり,上皿天秤では $0.1\ g$ のものや,$0.01\ g$ のものがある.感度限界の小さな化学天秤では測定可能な範囲は $0 \sim 200\ g$ 程度であり,体重計の感度限界 $0.1\ kg$,測定可能な範囲 $100\ kg$(相撲協会の体重計は $300\ kg$ だろうか)と比べると小さい.

感度係数については計測器により可変であったり固定であったりして,取扱い方法が異なるので個々に調べてほしい.

計測器の感度係数が高ければ測定結果が精確であるとはいえない．測定したい物理量の信号以外のノイズやバックグラウンドも同時に大きくなったり不安定になったりする．

pHメーターの校正

pHメーターを用いて溶液のpHを測定するとき，pH 7の標準溶液および自分の測定するpH領域に近いpH標準緩衝溶液を用いて校正する．pH 5付近の溶液の測定をする場合は初めにpH 7付近の標準溶液で1点を固定（ゼロ点調整）し，つぎにpH 4の溶液で第2点を固定（感度調整）する．2点を固定することによりこの2点を結ぶ直線（傾きが感度係数）を決定する．pH 8付近の溶液の測定をする場合はpH 7およびpH 9の標準溶液を用いて校正する．ここでいう"感度"は感度限界ではない．

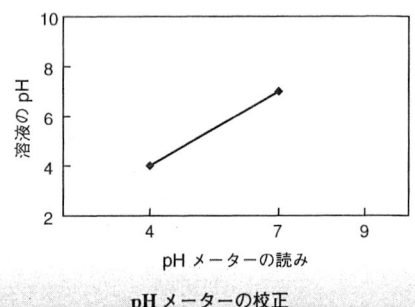

pHメーターの校正

ロバの感度限界はワラ1本

英語で"これで堪忍袋の緒が切れた"，"もう我慢の限界"を表すのに the last straw というフレーズを使うことがある．これはロバの背につぎつぎとワラを積んでいき，最後に加えたワラ1本でロバが重さに耐えられなくなって倒れた故事に由来する．感度限界がワラ1本であれば超鋭敏な負荷感覚をもったロバである．

エレベーターに人がつぎつぎ乗っていくと，搭載重量限界（たとえば1000 kg）を超えて乗った瞬間にブザーが鳴る．このときの搭載重量は1030 kg程度であろう．では搭載重量限界付近でワラを1本ずつ載せていくと1000 kgちょうどでブザーが鳴るだろうか．感度限界は必要に応じて決めればよい．

1・5 有効数字

● 有効数字とは

物理量の測定値は数値と単位の積で表されることは先に述べたが，その数値は "確かな数字 △" n （$n = 0, 1, 2 \cdots$）個と "（確からしいが）不確かな数字 ▲" 1 個および位取りの 0 から成り，

$$0.0 \triangle\triangle\blacktriangle, \qquad \triangle\triangle.\triangle\blacktriangle$$

などのように表される．このとき $(n+1)$ を**有効数字**（significant figure）の桁数という．

....

例: 有効数字の桁数

0.0123 では初めの 2 個の 0 が位取りの 0 であり，1 と 2 は "確かな数字"，3 は "（確からしいが）不確かな数字" である．有効数字は 3 桁である．

45.67 では 4, 5 および 6 が確かな数字，7 が "（確からしいが）不確かな数字" で，有効数字は 4 桁である．

....

"不確かさ" は偶然誤差および計測器のもつ誤差，読み取りの個人差などの系統誤差に基づいて複合的に見積もられる．45.67 の場合，45.66 とも 45.68 とも読める不確かさを伴っている．ゆえに有効数字は測定の精確さを表している．

よくある話　消えた 0

電卓は有効数字の概念をもち合わせないので常に小数最後の位の 0 を表示しない．これをそのままノートに記入すると有効数字が 1 桁，ときにはそれ以上の桁数が失われる．

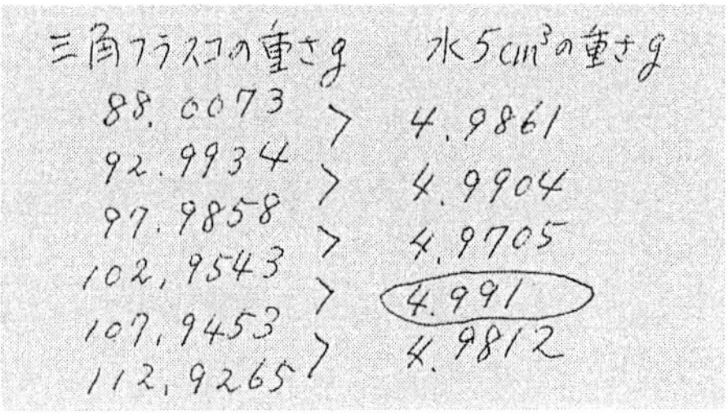

三角フラスコの重さ g	水 5 cm³ の重さ g
88.0073	4.9861
92.9934	4.9904
97.9858	4.9705
102.9543	4.991
107.9453	4.9812
112.9265	

図 1・5　0 を略したノート

では"質量500 g"と測定されたとき500の有効数字は何桁か．10の位が（確からしいが）不確かであれば有効数字は5と0の2桁である．10の位が確かで，1の位が（確からしいが）不確かであれば有効数字は5および二つの0の3桁である．このような場合に有効数字を明確に表すにはつぎのように数字 A（1以上10未満）と，10の B 乗（B は整数）との積として表示する方法が望ましい．

$$A \times 10^B$$

例: 数字の表記

500を上のように表示するとつぎの3種の可能性がある．

　　　　5×10^2　　　　（有効数字1桁）
　　　　5.0×10^2　　　（有効数字2桁）
　　　　5.00×10^2　　（有効数字3桁）

また，0.0123のような小数では整数1位および小数第1位の0は位取りの0であって，有効数字ではない．このような場合も有効数字を明確にするために同様の表示法が望ましい．

　　　　1.23×10^{-2}　　（有効数字3桁）

有効数字は測定の精確さを表していると述べたが，桁数と精確さとの間には完全な比例関係は成立していない．不確かさの目安と考えるべきかもしれない．厳密に不確かさを表すのは有効数字の桁数より相対誤差（不確かさを測定値あるいはその平均値で割った値）である．

例: 有効数字と相対誤差

測定値1.11では0.01の位が不確かであるから，有効数字は3桁である．その不確かさを0.01とすればつぎの式により約1%である．

$$\frac{0.01}{1.11} = 0.01$$

つぎの3種の測定値について比べてみよう．

測定値	有効数字	不確かさ	相対誤差
0.99 $(= 9.9 \times 10^{-1})$	2桁	0.01	0.01 = 1%
1.11	3桁	0.01	0.01 = 1%
9.99	3桁	0.01	0.001 = 0.1%

これをみると，測定値の有効数字が1桁違っても相対的には不確かさは変わらない場合もある．逆に有効数字の桁数が等しくても相対誤差はほぼ10倍になることもある．

● **測定値の乗除と有効数字**

いま有効数字4桁の数値△△△▲と3桁の数値△△▲との積を求めよう．△は確かな数値，▲は（確からしいが）不確かな値である．

△×△＝△，　△×▲＝▲，　▲×▲＝▲　であるから

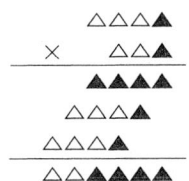

となって積の有効数字は確かな数値2個と（確からしいが）不確かな数値1個の3個となり，有効数字の少ない方と同じ3桁となる．除の場合も同様である．

> **規則**：有効数字の桁数 m および n の2種の測定値を乗除演算するとその答えの有効数字桁数は m および n の小さい方に一致する．

例：掛け算の有効数字の規則が成立しない例

```
    9 1 1 1        △△△▲           1 1 1 1        △△△▲
  ×   1 0 9      ×   △△▲         ×   9 9 9      ×   △△▲
    8 1 9 9 9      ▲▲▲▲▲            9 9 9 9        ▲▲▲▲
    0 0 0 0        △△△▲            9 9 9 9        △△△▲
  9 1 1 1          △△△▲          9 9 9 9          △△△▲
  9 9 3 0 9 9    △▲▲▲▲▲▲        1 1 0 9 8 8 9   △△△▲▲▲▲
       （有効数字2桁）                    （有効数字4桁）
```

このように，各段の掛け算の積が4桁および5桁で最終的な和が6桁であったり，反対に積が4桁で最後の足し算に繰り上がりがあって最終的な和が7桁になったり

することもある．その結果，有効数字の桁数は2桁～4桁となる可能性がある．この違いは有効数字の項で説明したように有効数字の桁数と相対誤差とは必ずしも比例関係にないことに基づく．上の乗除に関する有効数字の規則はあくまでも便宜的なものであって，厳密な精確さについては3章の"誤差の伝播"の項を参照してほしい．

よくある話　平均値の有効数字

△．△▲で表される数値4個の平均をとる場合，4個の数値の和を4で割ると小数第4位で割り切れ，割り切れるものを四捨五入するのが惜しくなるのか下の計算のように小数第4位までを平均とする者がいる．

$$\frac{21.67 + 21.68 + 21.69 + 21.67}{4} = 21.6775$$

これは有効数字4桁，小数第2位までの21.68とすべきである．平均をとることにより小数第2位は"確からしいが不確かな値"から"確かな値"となる．

よくある話　電卓と有効数字

電卓を使って割り算を行うと，割り切れない場合は表示画面いっぱいに数字が並ぶ．電卓は有効数字を考慮しない．有効数字の桁数分だけで十分であるのに，画面に並んだ数字をそのまま実験ノートに書き写す者がいる．彼の言い分はこうである．"少しでも精確な計算結果が出したいから．"ここでは有効数字3桁の0.589でよい．

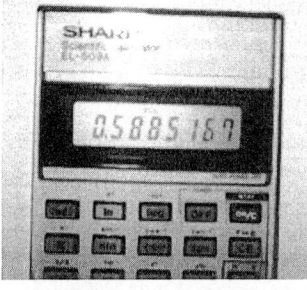

$$t_s = \frac{0.123}{0.209} = 0.5885167$$

図1・6　電卓液晶表示部と数字の並んだノート

1・5 有効数字

● 測定値の加減と有効数字

2数の和を求めるときはまず2数を同じ単位で表す．単位の異なる数値の加減計算はできない．つぎに位をそろえて計算する．

$$\triangle + \triangle = \triangle \qquad \triangle + \blacktriangle = \blacktriangle \qquad \blacktriangle + \blacktriangle = \blacktriangle$$

であるから和の有効数字は元の数値の有効数字の桁数とは必ずしも一致せず，計算結果について確かな位を調べ，その一つ下の（確からしいが）不確かな位までが有効数字になる．

```
   △△△.▲              △△△.▲
+    △.△▲            +△△▲
─────────            ─────────
   △△△.▲▲ （有効数字 4 桁）  △△▲.▲ （有効数字 3 桁）
```

差を求める場合も同様であるが，数値の桁数が差をとることにより減って有効数字の桁数も非常に小さくなる場合があるので注意が必要である．

```
   △△△.▲              △△△.▲
−    △.△▲            −△△▲
─────────            ─────────
   △△△.▲▲ （有効数字 4 桁）   △▲.▲ （有効数字 2 桁）
```

> **規則**：測定値の加減演算において，和あるいは差の有効数字は，もとの数値の（確からしいが）不確かな位のうち高い方の位までをとる．

> **よくある話　標準偏差の有効数字**
>
> △△.△▲で表される5個の数値 $x_1 \sim x_5$ について平均値 $\bar{x}$ を求めたあとに標準偏差をつぎのような計算で求めた．
>
> $$s = \sqrt{\frac{(x_1-\bar{x})^2 + (x_2-\bar{x})^2 + \cdots + (x_5-\bar{x})^2}{4}}$$
>
> 平均値は△△.△▲の有効数字4桁で表されるから標準偏差も有効数字4桁となるはずと思い込むのは間違いである．平均値との差 $x_1 - \bar{x}$ は非常に小さく，0.0▲のように有効数字が1桁になる場合がある．したがってその場合の標準偏差の有効数字は1桁になる．
>
> ただし6章のように標準偏差の値を用いて検定を行う場合は，有効数字を多めにとって計算することが誤差の伝播を防ぐのに有用である．

1・6 まとめ

　この章では広く測定データとよばれるものを分類し，そのうち数値で表すことのできる量に注目した．また，数値で表される量に伴う統計学的な取扱いおよび用語について説明した．市販されている統計学のテキストは対象となる読者層が多様であり，それぞれの読者が理解しやすいように工夫されている．そのために用語の定義があいまいであったり，テキスト間で不統一であったりする．これらの用語は2章以降にも共通して使われるので，先に進んでからも本章に戻って定義を確認するのもよいだろう．さらに，測定値の不確かさを簡便に表すために有効数字の概念を説明した．この問題は3章でさらに厳密に考える．

　1章を読み終えた読者は，医療関係学術誌の論文に掲載されているつぎの表を見てほしい．

よくある話　研究論文

　つぎの表はある凶悪事件の後遺症で通院する被害者について分析したものである．被害者65名のうち，アンケートに答えた37名の精神症状について統計を取った．

精神症状	人数	百分率(%)
眠れない	7	23.3
怖い夢を見る	7	23.3
突然事件をありありと思い出す	19	65.5
怖くてたまらない	2	6.7
びくびくする	2	6.7

回答者の平均年齢：43.9歳　　標準偏差：13.31歳

　この論文の著者はデータを統計処理することにより有効数字を考慮したのか調べてみよう．ここまで読み進んできた読者諸君はこの表の問題点を指摘できるだろう．有効数字を考慮してデータ数から表中の数字を正してみよう．

---

2. データをとる

　第1章では測定値についての基本知識を述べた．これをもとに，いよいよ実験にとりかかることになる．本章では実際に測定を行う上で必要な注意事項を述べる．実験により必要かつ十分なデータを集めるには全体を見通した綿密な測定計画を立てることが必要である．それでは測定計画にとりかかろう．

2・1 計測器
● 計測器の選択

　計測器を用いて測定した測定値の有効数字の桁数はその計測器の性質に依存する．精密な測定のできる（確度の高い）計測器を用いれば有効数字の桁数は多くなるが，このような計測器の保守には多大なエネルギーが必要であることが多く，不必要に精密な計測器を使用するのは避けるべきである．どれくらいの精確さで測定を行うべきかをあらかじめ検討し，求める有効数字の桁数に応じて計測器を選択するのが望ましい．

　精密な計測器を用いても精確な測定値が得られるとは限らない．簡単な計測器でも測定技術に熟練して精確なデータが得られるならば，複雑な計測器を有効に使いこなせないまま測定するより優れた結果が得られることもある（次ページコラム参照）．

　計測器の確度はどのように決められるのだろうか．重量測定について考えてみよう．重量の基準はキログラム原器であると1章で述べた．しかし世界中にある全天秤の確度をパリにあるキログラム原器によって調べることは不可能である．まず標準となる基準器（ここではキログラム原器）を一つの計測器を用いて測定し，正しい測定値が得られるように校正する．このとき校正誤差が伴う．つぎにこの計測器を用いて2次基準器をつくる．この2次基準器は基準器誤差をもつ．これを各国に

伊能忠敬の測量

蝦夷地を測量した伊能忠敬は天体観察して星の高度から現在の緯度を求め，地平上の距離とあわせて地図（右図）を作成した．当時としては非常に優れた出来栄えであった．距離の測定にはさまざまな道具を試みた．

現代の車の走行距離計と同じように，歯車を備えた車の回転数から進んだ距離を求める"量程車"を考案した．しかし道路表面の凹凸による誤差が大きかった．1間ごとに目盛を付けた全長60間（108 m）の麻製"間縄"は伸び縮みがあり，正確さに欠けた．これを改良するために金属性の"鎖縄"を考えたが，今度は重いために力をかけて両端を引っ張らねばならないことと同時につなぎの部分が変形するという欠点があった．

そこで，最も信頼できたのは忠敬自身の歩数であったという．測量に入る前に歩幅が一定になるよう訓練を続け，2歩で1間（180 cm）となるような歩幅で歩き，1000歩（900 m）に対して誤差2歩（1.8 m）程度であったという．

［参考文献：井上ひさし，"4千万歩の男（講談社文庫）",(1993).］

もち帰って同様な測定をし，計測器の校正を行う．日本であれば，日本キログラム原器がつくば市の(独)産業技術総合研究所計量研究所に保管されている（図2・1）．このとき検定誤差が伴う．この過程を繰返しておのおのの段階の誤差を追跡（trace）すれば各計測器の誤差（これを器差という）を見積もることができる．このように一貫して追跡できるシステムをトレーサビリティ（traceability，増えすぎる外来語を避けて日本語に置き換えると"履歴管理"）という．トレーサビリティ

図2・1 日本キログラム原器
　　［(独)産業技術総合研究所計量研究所 所蔵］

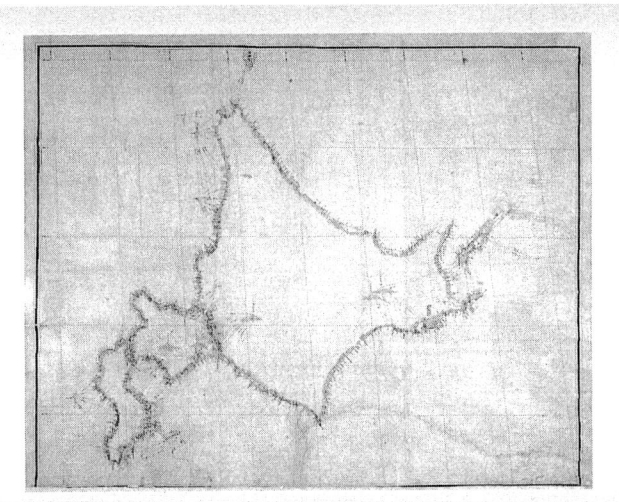

蝦夷地沿海実測図 [伊能忠敬，間宮林蔵，(1821)．北海道大学付属図書館 所蔵]

の鎖の例を図2・2に示した．

ISO や JIS などでは各種計測器について許容される計測器の誤差の最大値が決められており，これを公差という．用いた校正誤差，基準器誤差，検定誤差および実際に測定したときの誤差の和が実際の計測器の測定誤差となる．計測器を正しく使えばその測定誤差は公差以内と見積もることができる．

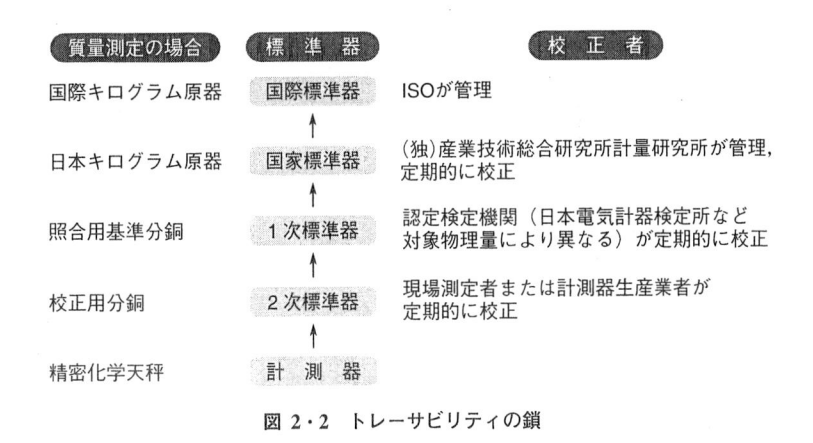

質量測定の場合	標準器	校正者
国際キログラム原器	国際標準器	ISOが管理
日本キログラム原器	国家標準器	(独)産業技術総合研究所計量研究所が管理，定期的に校正
照合用基準分銅	1次標準器	認定検定機関（日本電気計器検定所など対象物理量により異なる）が定期的に校正
校正用分銅	2次標準器	現場測定者または計測器生産業者が定期的に校正
精密化学天秤	計測器	

図 2・2 トレーサビリティの鎖

公差の例を挙げると，マイクロメーター（作動範囲 50 mm 以下）は ± 6 μm, ノギス（キャリパーともいう）（測定範囲 150 mm まで）は 0.05 ～ 0.1 mm である．電圧計には 1 級，0.1 級といった級数がついており，これは公差が最大目盛りのそれぞれ 1 %，0.1 % であることを意味している．1 級といっても"特別に優れている"という意味ではない．一例として JIS で定められたメスフラスコの公差を下の表に示す．

表 2・1　全量メスフラスコの体積誤差許容（JISR3503）

項 目		呼び容量（表示されている容量）		
		$10\ cm^3$	$100\ cm^3$	$1000\ cm^3$
体積許容誤差 (cm^3)	クラス A	±0.025	±0.1	±0.4
	クラス B	±0.05	±0.2	±0.8

よくある話　最適な計測器

金属イオンを含む試料溶液にオキシン水溶液を過剰に加えて金属錯体の沈殿を形成させたいとき，オキシン水溶液を調製しなければならない．このときオキシンを秤量するのに精密化学天秤（0.0001 g までの精確さ）を用いる学生がいる．過剰に加えて沈殿形成を確認すべきであるので上皿天秤（0.1 g までの精確さ）を用いれば十分である．一方，有効数字 4 桁の精確さで成分分析する試料は精密化学天秤で秤量しなければならない．

最近はデジタル表示型の計測器が多い．液晶画面に求めるべき数値が並ぶので，それを読むだけでよい．読み取りに不確かさが伴わない上に計測器の目盛りの不確かさが目に見えてこないから，"デジタル計測器の方がアナログ計測器より精確なデータが得られる"と思う人が多いのももっともである．しかし，多くの物理量はアナログ量であるので，これをデジタル量に変換して表示している．アナログ量をデジタル量に変えるには計測した信号出力を直流電圧に変換し，増幅したあとにアナログ-デジタル変換する．増幅率の不安定性によるゆらぎやアナログ-デジタルへの変換の電気的回路に伴う誤差が加わるので，必ずしもデジタル表示されたデータの方が精確であるとはいえない．

精密な計器を使って測定すれば正確だろうか．正確さと感度限界とは必ずしも対応していない．蛍光分光器の感度限界は $10^{-6}\ mol \cdot dm^{-3}$ 以下であって微量成分を

検出できる．犯行現場に残っている微量の血痕をルミノール反応から検出できるのも蛍光分光器の優れた感度限界の賜物である．定性分析に適しているが，その正確な濃度を決定する定量分析は容易ではない．これに対して吸光光度分光計では感度限界が 10^{-4} mol・dm^{-3} 程度ながら正確な濃度を有効数字3桁で分析できる．

よくある話　精密測定の不要な場合

潮解性の塩（水酸化ナトリウム，塩化カルシウムなど）を精密化学天秤で測るのは間違いである．試薬瓶の中ですでに潮解してべとべとしていることもあるし，測定中にも潮解が進行することもあるので，化学天秤の感度限界以上の質量の誤差を含んでしまうからである．

また，(1+3)アンモニア水溶液を調製するのにホールピペットを用いても無意味である．(1+3) という濃度の表し方（アンモニア水と水とを体積比で1：3に混合する）は有効数字1桁であること意味しているので，駒込ピペットを用いるのが適当である．

気圧計を使った測定

コペンハーゲン大学の物理の試験で"気圧計を用いて高層ビルの高さを測定する方法を述べよ"という問題が出た．一人の学生が"気圧計に長いひもを結びつけて屋上から地面にたらし，ひもの長さと気圧計の長さの和を求める"と答え，不合格となった．学生が"間違っていない"と抗議にきたので，大学側は"物理の原理を使う方法"を要求した．そこで学生は"屋上から気圧計を落として落下時間を測定する．あるいは気圧計を地面に立てて影の長さを測定し，ビルの影の長さと比較する．もっと物理的にするなら気圧計にひもをつけて振り子とし，屋上と地上とで周期を測定して比較する．ビルの外側に非常階段がついているなら気圧計を物差しにして高さを測定する．でも一番つまらなくて当たり前なのは，屋上と地上とで気圧を測定して比較する方法だ"と答えた．この学生こそ，後の理論物理学者ニールス・ボーア（Niels Bohr）であった．

ちなみに気圧計は英語で barometer である．"紙の使用量は国の文化のバロメーター"などと言うが，thermometer（温度計），spectrophotometer（分光光度計）などと同じくアクセントは meter の直前の母音 (o) にあって，あえてカタカナ表示すればブラームタとなる．

[参考文献： W. Gratzer, "Eureka and euphorias," Oxford University Press (2002).]

● 保守と調整

最適な計測器の選択ができたら，つぎにはこれを最適の状態で使用して最も精確なデータを得る努力が必要である．計測器の保守が悪ければ測定値の誤差は公差を超える．計測器は正しい場所（たとえば天秤は水平に置く，水銀気圧計は鉛直に置くなど，機器ごとに温度，湿度，換気など要求される設置条件があり，それぞれの条件は異なる）に置かれているか，故障はないか，汚染はないかなどを調べる．

精密計測器を他の研究者と共用するときは保守に責任をもち，故障を見つけたら報告して修理を依頼することはもちろん，必要な部品の補充にも心掛けなければならない．これらを放置するならば研究者としての資格を疑われる．共用する使用者が保守に責任をもつように使用者の氏名，使用日時，測定試料名などを記録するシステムがとられていることも多い．

検量線 (calibration curve)

ある成分の特定の性質（電導度，吸光度など）に着目して定量分析を行うとき，その成分の存在量または濃度と測定量との関係をあらかじめ求めておくと測定データから存在量あるいは濃度を間接的に導くことができる．この関係を示す曲線のことを検量線という．

たとえば，混合物試料中に含まれる化合物Aの濃度を吸収スペクトル測定から分析したいとき，はじめに同一条件で化合物Aのみの濃度を変えた標準溶液を用意し，吸光度を測定し，濃度と吸光度との関係をグラフに表す．図のようにグラフに描かれた直線を検量線という．つぎに実際の試料について吸光度を測定し，得られた吸光度に対応するAの濃度を検量線から求める．

検量線をつくるとは"新しい単位をつくる"ことである．上の例でいえば，濃度の代わりに吸光度という単位をつくっている．吸光度が2倍になれば濃度も2倍になるはずで，単位として直線性成立の必要がある．ゆえに検量線は常に直線でなければならない．直線性の成立する範囲内でのみ，この新しい"単位"は意味をもつ．

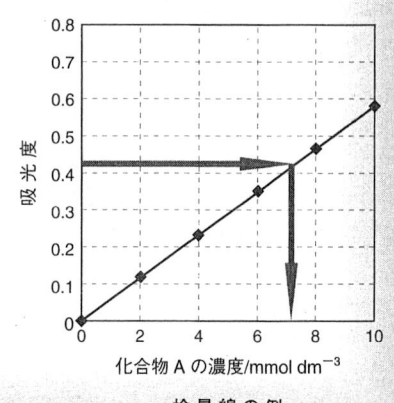

検量線の例

2・1 計 測 器

さて，保守が確認されたらつぎに計測器の調整を行う．たとえば精密化学天秤では荷重をかけない状態で表示が 0 となるようにゼロ点を調整し，つぎに 200 g の校正用分銅の荷重をかけて表示が 200 g となるように感度係数を定める．pH メーターの校正，マイクロメーターのゼロ点調節，吸光光度計のセルブランク測定など各計測器に必要な種々の調整を行う．熱電対を用いて温度を測定するときは基準点の測定を行って校正直線を描く必要がある．検量線作成も校正の一種といえる．

● 使 用 方 法

一つの物理量について何回も測定を行って多数の測定値を得ようとするとき，たとえ同一測定条件での測定を心掛けたとしても，すべての測定について同一条件を満たすことは困難である．時間の経過とともに温度，湿度，測定用の電源電圧，あるいは試料の状態などに常にゆらぎが起きる．測定者が変われば読み取りの癖が違う．同一の測定者であっても熟練していなければ測定値のゆらぎが大きい．たとえ熟練した同一測定者であっても，その心理状態が時間経過によって微妙に変化するかもしれない．これらを極力一定に保ち，偶然誤差を減らす努力が必要である．

つぎに必要なのは計測器を正しく用いて測定して誤差を小さくすることである．

・・

例: 誤差を減らす測定方法

吸光度測定では試料セルの各面を清浄にし，光路に垂直になるようにセルを置く．セルホルダーにセルがしっかり固定されずにセルの方向が変わるようなことがあれば，光路長があらかじめ求めた値と異なってくる．

温度を測定するときには温度計を試料の中央部に置く．試料の端に位置していれば実際の試料温度より低かったり，逆に高かったりする．熱分析のようにわずかな温度の変化を追跡する場合に熱電対を正しい位置にセットすることが重要である．

反応を伴う測定では系が均一になるようかくはんする．反応系から試料を分取して測定するときに不均一であれば，分取した試料の濃度が反応系の真の濃度と一致しない．

・・

これらの例以外にも各測定について正しい使用方法がそれぞれ異なるので，計測器の特徴を理解する必要がある．測定の原理，装置の構成，注意事項などは説明書に書かれている．自分の行う測定について検討しよう．

2・2 測　定
● 測定条件

計測器を正しく用いて測定すると同時に，最も誤差の少なくなるような測定条件を満たすことが重要であろう．感度係数の小さい領域よりも大きい領域で測定した方が相対誤差は少ない．感度係数が極大を示す条件を探そう．また，わずかな環境の変化で測定値が急激に変化するような測定条件では測定値が安定しない．検量線が直線からずれる領域では別の反応や妨害が起きている可能性もあって測定条件として望ましくない．

・・・

例: 誤差を減らす測定条件

吸光光度測定による試料濃度分析を行う場合には，吸光度が極大 A_{max} となる波長 λ_{max} において測定する．吸光度 A_{max} は極大なので設定波長のわずかな変化に影響されにくいこと，ならびに吸光度の測定誤差を ΔA としたときの相対誤差 $\frac{\Delta A}{A_{max}}$ を小さくできるからである．極大からはずれた波長で測定すると，測定条件によって吸光度は著しく変化（図 2・3）するし，同時に吸光度が小さいために相対誤差が大きくなる．

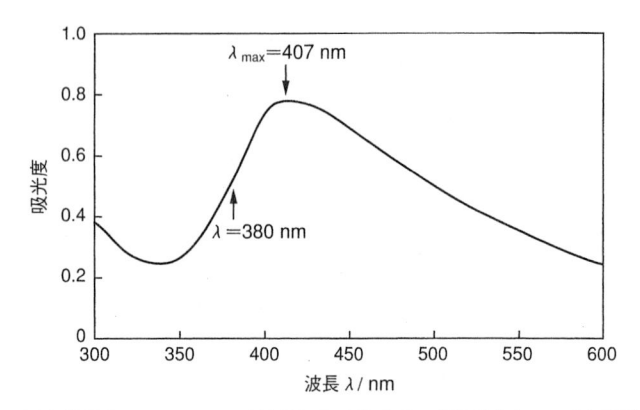

極大波長 $\lambda_{max} = 407$ nm では波長による吸光度の変化が少ない．それ以外の波長，たとえば $\lambda = 380$ nm では波長のずれにより吸光度変化が著しい

図 2・3　吸収スペクトル

・・・

例: 初速度法

反応速度測定では反応率変化の最も大きい時間領域(図2・4)で調べる．測定の絶対誤差は等しくても，相対的な誤差を小さくすることが可能だからである．初濃度を変えて速度を測定し，初濃度と初速度との関係から速度定数を求める初速度法も相対誤差が最も小さいことを利用している．

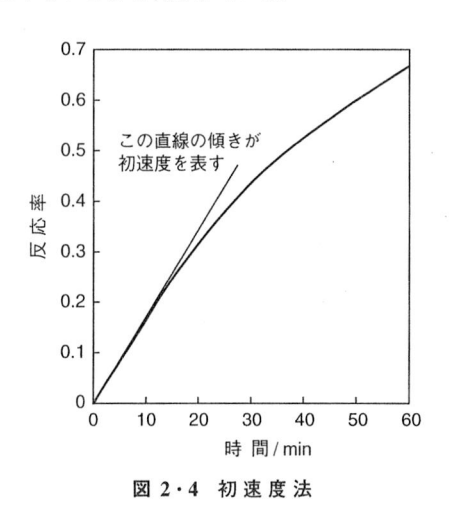

図2・4 初速度法

● データの補正

誤差を小さくする工夫をしても完ぺきな状態で測定できない場合もある．空気中で質量を測定すれば空気による浮力を除くことはできない．酸化還元滴定を行うときに通常の方法では大気中の酸素の影響を除くことはできない．このような場合には浮力補正や空滴定のような補正が必要となる．それぞれの測定で補正に必要な操作が異なるので，各自の実験について検討しよう．

例: 温度と質量の補正

ガラス製温度計で溶液の温度を測定する場合，温度計全体を完全に溶液中に浸すのは難しいことが多い．このとき精確な温度を得ようとすれば，溶液外の温度計部分の読みについて補正が必要となる．水銀を封じたガラス製温度計で温度の読みが

T_m,測定環境温度が T_a,目盛りの T_0 より上部が溶液外にあるとき補正値 ΔT は近似的に次式から求められる.

$$\Delta T = \frac{(T_\mathrm{m}-T_0)(T_\mathrm{m}-T_\mathrm{a})}{6000}$$

また質量を精確に測定するには物体にはたらく空気の浮力の補正が必要となる.

ホールピペットの容積公差は 20 ℃ で決められているが,通常,実験室の気温は一定には保たれていない.気温の補正が必要である.

[参考文献:鮫島實三郎,"物理化学実験法(増補版)",裳華房(1982).]

よくある話　異常な異性体分布

芳香族化合物の親電子置換反応を行い,生成物中の異性体分布を調べると,生成物の置換基の位置はオルト体が 1％,パラ体が 3％,メタ体が 5％ であった.全置換生成物の収率が 9％ であった.オルト体およびパラ体が多く生成するはずなので,親電子置換反応としては異常な挙動であると結論するのは早計である.収率 9％ の中の分布では有効数字 1 桁の議論さえも難しい.収率を大幅に上げる条件をまず検討し,それから異性体分布を論ずるべきである.

2・3 データの読み取り

● 目盛りを読む

物差しを用いて長さを測定するとき,物差しの目盛りは長さそのものを表している.方位磁石(コンパス)で角度を測定するときも目盛りは角度そのものを表している.一方,アナログ表示の紫外可視吸光光度計では吸収光の強度を直接読み取るわけではない.光電流の強さを器械が読み取って長さに換算し,測定者はこの長さを目で読んでいる.ビュレットは断面積一定な円筒の目盛りを用いることによって体積を長さに換算している.測定者は体積の代わりにビュレットに彫られた目盛りの長さを読み取っている.体重計では古代エジプトの天秤のように体重に相当する分銅の重さを直接読むわけではなく,重力によるバネのトルクから角度に変換され,ついで角度から重さに換算された目盛りを実際には読んでいる.電流計(図 2・5)

2・3 データの読み取り

や圧力計も電流や圧力から換算された角度を読んでいる．アナログ表示の計測器を用いて測定するには物理量から換算された長さ，あるいは角度を精確に読み取る必要がある．

図 2・5 電 流 計

では目盛りの読み方を実習してみよう．つぎの矢印の目盛り（A）はどう読めるか．

(A)

2と3の間にあるから整数1位は2であることが確かであり，小数第1位は目分量で読むので2.6または2.7であろう．小数第1位は不確かであるが，なんとか読まなければならない．ではつぎの目盛りではどう読めるか．

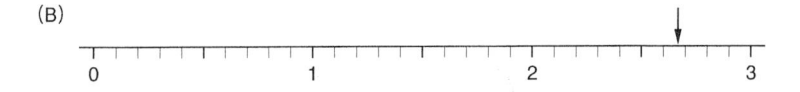

(B)

2.6と2.7の間にあるから整数1位は2，小数第1位は6である．小数第2位は目分量で読むので2.66または2.67となるだろう．実際には目盛りの読み方以外にも測定値には不確かさが伴うが，ここでは目盛りの読みだけを考慮すると有効数字はAでは2と6，または2と7の2桁，Bでは2，6および6，または2，6および7の3桁である．

よくある話　有効数字の損失

滴定においてビュレットの目盛りを読む場合，前ページの目盛り (B) のような場合，2.66 と読めるのに 2.7 としか読まないと有効数字の 1 桁損失である．計測器の公差を考慮しながら読み取れる最大の精密さで目盛りを読もう．

(C) では同様に 2.29 または 2.30 と読める．2.3 と 2.30 とは数学的には等しいが，測定値としては異なる．有効数字が 2 桁と 3 桁の違いである．これを 2.3 と記録すれば有効数字 1 桁が失われる．

(C)

```
 0           1           2     ↓    3
```

● 精確さの向上

測定値の精確さを増す（誤差を減らす）には測定技術の向上が要求される．正確さを増す（系統誤差を減らす）には公差の少ない計測器を使用すること，ならびに正確な測定技術をもつ測定者が行うことが必要である．精密さを増す（偶然誤差を減らす）には測定回数 n を増すのも一つの方法である．得られた測定データの平均値 $\bar{x}$ と真の値 μ との偏差（**標準誤差 standard error** ともいう）$\sigma_{\bar{x}}$ は，付録 A **1** の (A・3) 式で導いたように測定データの標準偏差 σ と測定データ数 n を用いてつぎのように表される．

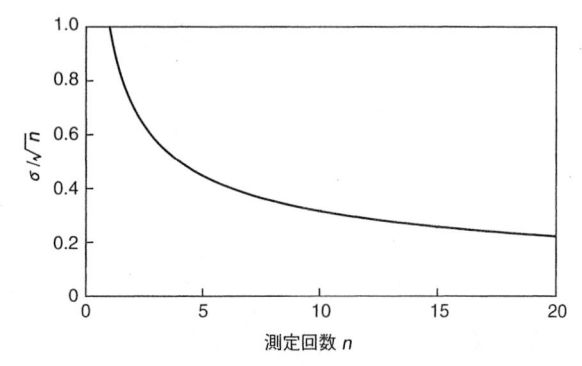

図 2・6　平均値の正確さとデータ数との関係

$$\sigma_{\bar{x}} = |\bar{x} - \mu| = \frac{\sigma}{\sqrt{n}} \tag{2・1}$$

測定回数 n を大きくすれば $\frac{1}{\sqrt{n}}$ は小さくなるので平均値は真の値に近づく（図 2・6）．ただし正確さを 10 倍に向上させようとすれば測定回数を 100 倍にしなければならない．また，系統誤差は測定回数を増しても減らすことはできない．

- -

例：信号とノイズの分離

　電気的な信号の測定ではバックグラウンドのノイズ（N）が大きくて測定したい信号（S）の読み取りが困難な場合がある．そこで測定操作を自動的に 100 回繰返すとノイズはランダムに分布し，求めたい信号は正規分布すると考えられるので S/N 相対強度は 10 倍になる．このようにしてノイズと信号とを分けることができる．

- -

　電気的な自動測定を 100 回繰返すことは比較的容易であるが，一般的には測定回数を 100 倍にすると測定の費用や時間は膨大になる．どれだけの精確さが要求されるかを考えて測定回数を決めるべきであろう．

　では，n を大きくしさえすれば誤差を小さくできるだろうか．公差 0.5 mm の巻尺で 10000 回測定を繰返したとしても精密さは 0.005 mm にならないのは明白であろう．一方の系統誤差は測定回数を増しても減りはしない．全測定誤差は系統誤差以下になることはない．

　測定値が時間変化するとき，計測器の感度係数がすべての周波数領域で一様であるべきだが，実際にはそのような計測器を準備するのは困難である．このようなときフーリエ変換を行うと時間変化の高周波数成分を除くことができ，精密さを増すことができる．いろいろな測定におけるフーリエ変換の応用については §4・8 を参照されたい．

　測定者が読み取りの訓練をすることも有効であるが，そのほかに読み取りの精確さを増すための工夫も必要である．目の位置によって物体が違って見える現象を視差というが，これをなくす工夫も有効である．目盛りを常に垂直あるいは水平に見て視差を少なくする．ビュレットやピペットの目盛りを読むときは目の高さに標線がくるように体の位置を変えるか，器具を移動する．目盛りの下に鏡が置かれてい

る場合（図2・7）は針とその鏡像が重なるような位置に目をもってくる．暗いところや光が反射して読みにくい場所では，読みやすいように光線の方向を変えることも有効である．

図 2・7 pHメータの目盛．針とその鏡像が一致するように目の位置を決める

副尺も精密に読み取るための工夫である．ノギスや水銀柱気圧計などに副尺がついているのを見かけたことがあるだろう．副尺を使うと，目分量では読み取りにくい桁を読み取ることができる．

副　尺

バーニャ（vernier）ともいう．目盛りの最後の桁を目分量で読むと個人差が出るが，これを避けるために17世紀のフランスの数学者，P. Vernierが考案した道具である．正尺（$n-1$）の目盛りをn等分したものを移動性の副尺として正尺に当てる．副尺の1目盛りは$\frac{n-1}{n}$であるから，正尺の1目盛りとの差は$\frac{1}{n}$である．正尺の読み取りにくい最後の桁が$\frac{a}{n}$であるとき，正尺と副尺とのずれは$\frac{a}{n}$であるから副尺の目盛りがaのとき，ずれが解消する．

$$\frac{1}{n} \times a = \frac{a}{n}$$

このずれが解消したときの副尺の目盛りaを読めば，$\frac{a}{n}$が正尺の最後の桁の読みになる．

ドイツ語で副尺をNonius，ノギスはSchieblehre mit Nonius（副尺付きの物差し

2·4 記　　録
● 実験ノート

　測定値を記録するのに実験ノートを用いる．各ページが方眼紙になっている市販の実験ノートもあるが，いわゆる大学ノートでもかまわない．しっかりととじられたものが望ましい．学生実験のテキストに書き込んだり（図2·8），ばらばらのルーズリーフに書くと大切なデータが読み取れなくなったり，紛失したりする．鉛筆で書くと擦れて消えてしまうし，"後に改ざんした"との疑いを持たれるのでペンで書くとされている．初めて実験ノートをつくる学生実験の記録ではペンで書き損じて汚くするおそれもあり，慣れるまで鉛筆書きしても許されるだろう．

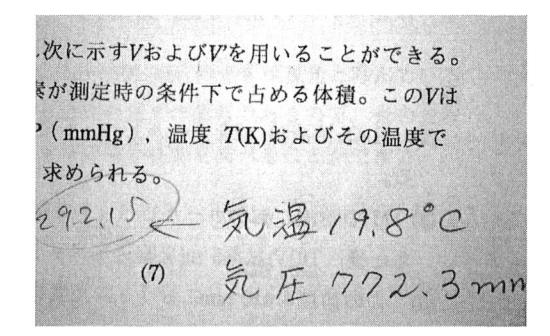

図2·8　実験テキストに書かれたデータ

の意味）という．字面の"ノニウス"ではなく耳で聴き取った"ノギス"を用いているところに，盛んにドイツから科学技術を取入れたころの日本の工場の様子がうかがわれる．

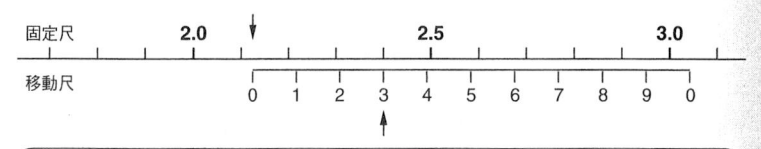

読み取りの手順
① 固定尺（主尺）の目盛り▼を明らかな位まで読む ……………………………… 2.1
② 移動尺（副尺）の目盛り0を▼に合わせる
③ 主尺と副尺の目盛が上下で一致する場所▲の副尺の目盛を読む ……………… 0.03
④ 固定尺の読み（2.1）と副尺の読みを組合わせて▼の読みとする ……………… 2.13

副　　尺

● データの記録

記録は起こった事実を時間の経過に従って書く．小学生の日記のようにその日の初めに月日を書き，状況を記入し，実験方法，特記すべき事実，測定結果などを順に記録していく．あとから読んで再び説明できるように整理されているのが望ましい．先陣争いの激しい研究者の社会では，同じ発見をした2人のうち実験ノートに新事実を記入した日時が早い方が発見者とされることもある．それほど実験ノートは重要であるともいえる．

よくある話　データがない

成分分析をしようと試料の質量を精確に測定したのに，記録するのを忘れたことを実験最終日に気がついた学生がいる．多くの実験過程を順に行って注意深く分析したのだが，最後に成分の質量百分率を求める段階で5日間の努力が水泡に帰した．

また別の学生は学生実験の共同実験者が測定して記録したデータを自分のノートに書き写していなかった．“最終日に写せばよいだろう”と高をくくっていたが，なんと最終日に共同実験者は病欠してしまい，レポートが書けなくなった．データはすぐに共同実験者と交換して各自が記録しておこう．

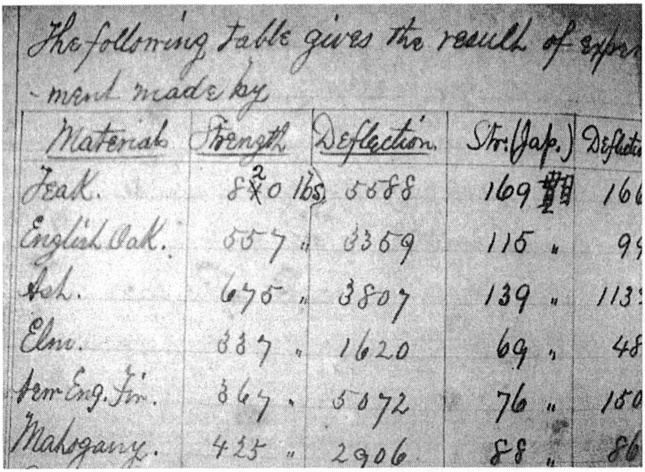
The following table gives the result of exper-
-ment made by

Materials	Strength	Deflection	Str. (Jap.)	Deflectio
Teak.	820 lbs.	5688	169 貫目	166
English Oak.	557 "	3369	115 "	99
Ash.	675 "	3807	139 "	113
Elm.	337 "	1620	69 "	48
Am Eng. Fir.	367 "	5072	76 "	150
Mahogany.	425 "	2906	88 "	86

図 2・9　広井 勇が学生時代に書いた講義ノート
［北海道大学付属図書館 所蔵］

2・4 記録

　図2・9はアメリカでも活躍した近代日本を代表する建築家 広井 勇が札幌農学校（現北海道大学）学生時代に書いた土木工学の講義ノートである．英語の講義を英語で記録をとっている．清書したとはいえ，この端麗さは見事であり，実験ノートもこれを見習いたいものである．

　測定した数値を記入できるよう，あらかじめ表をつくっておくと測定漏れを防ぐことができる．あちこちに書き散らすと解析するときに何のデータかわからなくなる．測定したら直ちに測定値（数値×単位）を測定した順に記録する．

　ノートに記録した数値と計測器の読みとが一致しているか，書き写しの間違いがないか，その場で両者を見比べてもう一度確認する癖をつけよう．

よくある話　暗記したデータ

　ある物質の質量を化学天秤で有効数字5桁まで測定した．この学生は天秤の前に実験ノートを持ってきていなかったのでデータの数値を暗記して，ノートの置いてある少し離れた実験台まで歩いて戻ろうとした．しかし途中で別の学生に話しかけられたために記憶した数値が消えてしまい，再び測定することになった．記録は測定している場所でとるのが鉄則．

● 生のデータと導かれたデータ

　当然のことながら何の測定値か，測定条件，気づいたことなどを同時に書きとめる．測定値は読み取った値（"生のデータ"という）をそのまま記録し，計算や換算などはノートの上で行う．暗算では計算間違いをして大事な生のデータを失う可能性があるからである．生のデータさえあれば誤りをチェックできる．グラフに直接プロットしながら実験する場合でも生のデータを別に書き取る．これも計算と同じでプロット間違いの可能性がある．

　書き誤りは ~~23.4~~ のように二重線を引いてからその上部に正しい値を書き，もとの値も読めるようにしておく．黒く塗りつぶしたり，消したりしない．またおのおのの測定値は同一条件で測定されている限り，同等に扱わねばならない．その場の思い込みでデータを消去してはいけない．棄却すべきデータであるか否かについてはのちに検討すればよいのであって，まずは事実を記録する．"こうあってほしい（そうすれば直線に乗る）値"や"こうあるべき（そうすれば文献値に近くなる）

値"が得られるはずとの先入観は捨てよう．もし測定条件に変化があったならば，その事実を記録する．それから"どうしてこうなったか"じっくり考えよう．一見失敗と思われる実験の測定データでも後日，役に立つこともあるので消去しないで残しておこう．

よくある話　暗算でデータを求める

U字管型水銀マノメーターを用いて系の圧力を測定する場合，圧力は2本の管の水銀柱の高さの差である．高い方の水銀柱の高さが 85.3 mm，低い方が 81.6 mm のとき，両者の差を暗算して

$$\text{圧力} = 3.7 \text{ mmHg}$$

とのみ記録するのは間違い．計算間違いをする可能性が常にあるので読み取った測定値をノートに記録した後に計算を行い，

$$\begin{array}{r} 85.3 \text{ mm} \\ -81.6 \text{ mm} \\ \hline 差\ 3.7 \text{ mm} \end{array} \qquad 圧力 = 3.7 \text{ mmHg}$$

とすべきである．

同様にビュレットを用いて滴定するとき，滴定前と後のビュレットの読みを記録して引き算をノート上で行ってから滴定値を書くのは当然である．

よくある話　データの取捨

測定データがばらついたとき，棄却すべきか否かを多方面から検討する必要がある．ビュレットを用いた滴定ではばらつきは ± 0.1 cm^3 未満とされ，この範囲内の測定値4個の平均をとって滴定値とするのが常である．このときつぎの5個のデータが得られた．

$$23.52 \text{ cm}^3,\ 23.48 \text{ cm}^3,\ 23.43 \text{ cm}^3,\ 23.39 \text{ cm}^3,\ 23.45 \text{ cm}^3$$

数値のばらつきの幅は 0.13 である．23.39 を捨てるか，23.52 を棄却するかを決めるには見当や思い込みではいけない．測定に際して特別な異常があったなどの棄却理由がなければ5個を同等に扱う．統計的には検定により異常と疑われるデータを棄却できるか確認する．それには，§6・6 および §6・7 の検定を用いる．棄却できなければ5個の平均をとるべきである．

偶然か必然か

2001年のノーベル化学賞を授与された白川英樹博士の"電導性ポリマーに関する研究"は，研究室の大学院生がアセチレンの重合実験中に触媒をそれまでの1000倍量入れたことに端を発した．20世紀半ばから多数の研究者が反応条件をいろいろと変えてアセチレンの重合を試みていたが，得られたポリアセチレンは粉末状であった．ところが，この実験では膜状ポリマーが得られた．この画期的な実験が単に触媒量の単位 mmol を mol と読み違えたことによるのか，意図的に反応条件のスクリーニングを行った結果であったのか，議論の分かれるところである．しかしながら事実をしっかり認めて"どうしてこうなったか"を考え，スケールを大きくしても品質の良い膜を調製する工夫や電導性を増す工夫をしたところが博士を受賞へと導いたといえる．

2・5 ま と め

本章では実際に実験室で測定を行ってデータを記録するまでに必要な事項を説明した．測定は最適な計測器を選んで用い，最も精確なデータが得られるように最善の方法で計測器を取扱い，最善の方法で測定を行う．得られたデータは正しく記録する．これを解析して有意義な結論を導き出すことになる．

第2章を終わるにあたって小学校の算数の問題を解いてもらいたい．2002年からの学習指導要綱の改定にあたって新聞を賑わせた"円周率が3"は非論に関するものである．

よくある話　5年生の算数

"円周の長さが 21.98 m の円がある．その直径は何メートルか．また円の面積はいくらか．"

教科書に掲載されている解答は"直径 7 m，面積 38.465 m^2"である．読者諸君は円周の長さの測定方法を考えて，それに合った解答を導いてほしい．たとえば長さ 1 m の棒で円周を測定すれば，有効数字は 1 桁である．その直径を求めるのに"円周率 π は場合によって 3 としてもよい"という文部省の指示は的外れではない．逆に"円周率は常に 3.14"と信じている人もいる．円周の長さの有効数字が 4 桁であれば，直径を有効数字 4 桁で求めるのに π = 3.142 としなければならない．有効数字の勉強をしていない小学生に先生はどう教えたらよいだろうか．

3. データの解析

適正な測定を行い,データが実験ノートに記録された.しかしデータが得られただけでは実験は終わらない.データを解析するところから研究が始まるといってもよい.本章ではデータの解析方法を学ぶ.

3·1 データの整理

● データのチェック

実験ノートに記録されたデータをまず眺めよう.測定もれ,記録もれはないだろうか.一見すると十分なデータが得られているようでも,実験方法などの根本的な誤りがあるかもしれない.

測定値をつぎつぎに実験ノートに記録するだけではなく,同時進行でデータが予測と一致するか調べよう.データを見ただけでは調べられない場合は計算式などから解析する.特に関数関係にある(相関がある)と思われる2種の物理量を測定する場合は,グラフにプロットしながら実験を進めることが有効である.反応系濃度の時間変化,反応系電気伝導度の濃度変化,スペクトルのような吸収強度の波長変化,物質質量の温度変化などプロットすべき化学実験は多い.プロットすることにより測定値の読み取り間違い,記録間違い,測定方法の間違い,あるいは予測と違った特異な結果の大発見(かもしれない!)などを見つけやすいし,解析に必要なデータが確実にとれたか否かの見当もつけられる.

● 独立したデータの解析

同一の測定を繰返して n 個のデータが得られたら,1章で述べたように真の値の近似値として平均値を算出し,測定の精密さを標準偏差から見積もる.このとき異常に大きかったり,異常に小さかったりするデータがあれば実験誤差以外の要因が

含まれている可能性があるので，検定（検定方法については§6・6および§6・7を参照のこと）を行う．異常なデータを除き，平均値と標準偏差をそれぞれ（1・3）および（1・5）式により計算する．標準偏差が計測器の公差に比べて著しく大きい場合は測定方法に問題がなかったか検討してみよう．

独立したデータを用いて計算式から物理量を誘導する場合にも，平均値と標準偏差を知ることが，つぎの"誤差の伝播"問題を論じるのに必要である．

よくある話　測定もれ

組成の異なる6種の結晶試料を3人で手分けして調製し，X線回折を行った．6種の試料は肉眼では全く同じに見える．順々に6個の試料の測定を終えた3人は測定室を出て，別室で6枚の回折チャートの解析にとりかかった．回折角を読み取って組成の順に並べていくが，予想される順と異なっていた．その理由をいろいろ検討した結果，1種類の試料を2回重複して測定し，他の1種類の試料を測定していなかったことに気づいた．そこで測定室にもどってシャットダウンさせた器械を再び作動させることになった．得られたチャートをその場で解析していれば誤りに早く気づいていただろう．

3・2　測定誤差と計算誤差
● 誤差と誤差の伝播

今までは，ある物理量Qが基本量の何倍になるか単純に測定する場合について述べてきた．たとえば複数の化合物を反応させて新しい化合物を得たとき，収量w gを測定する．その新化合物の赤外吸収スペクトルを測定し，吸収ピークの波数ν cm^{-1}を求める．融点T℃を測定する．同じ化合物についての測定であってもこれらの物理量w, νおよびTは互いに独立であって，収量の測定誤差が大きくても小さくても，融点の測定誤差はそれと全く無関係である．このような測定では測定誤差が互いに影響を与え合うことはない．

では直接測定することのできない物理量を，直接測定できる別の物理量から求める場合はどうであろうか．実際には多くの実験が測定値から計算式を用いて別の物理量を求めるものである．円筒形の金属の体積を直径と長さから求める場合や，非常に軽い物体の質量について空気の浮力の効果を差し引いた真の質量などを求める

場合がこれに相当する．円筒の直径の測定誤差や長さの測定誤差が計算式から求めた体積の値に影響を与えると予測されるだろう．おのおのの測定誤差がどれほど体積の誤差につながるか，それを考えてみたい．

計算によって求めた物理量の誤差について，一般化して話を進めよう．独立して測定された物理量 $x, y, z, \cdots$ の間に相互作用がはたらかないとし，これらの物理量を用いて物理量 Q が (3・1) 式のような 1 次関数式で表されるとする．

$$Q = Ax + By + Cz + \cdots \qquad (3\cdot1)$$

$x, y, z, \cdots$ の変化に従って Q が変化するから，Q と $x, y, z, \cdots$ との間には相互作用がはたらいている．Q および $x, y, z, \cdots$ の誤差をそれぞれ δQ および $\delta x, \delta y, \delta z, \cdots$ とするとき，Q の誤差はつぎのようになる（式の誘導は付録A **2** を参照のこと）．

$$|\delta Q| \leq |A\delta x| + |B\delta y| + |C\delta z| + \cdots \qquad (3\cdot2)$$

$x, y, z, \cdots$ の誤差が Q の誤差に伝わるという意味で，これを"誤差の伝播（propagation of errors）"とよぶ．(3・2) 式では，係数 $A, B, C, \cdots$ の大きい項が Q の誤差に効くことが読み取れる．ゆえに測定に関して係数の大きい物理量について精確さを心がけるべきだろう．各項が同程度になれば最も効率がよい．

例：メスフラスコの検定

容量分析用のメスフラスコが確かに呼び容量（表示されている容量）どおりであるか検定するとき，メスフラスコの標線まで蒸留水を入れて重量を測定する．水温 T（℃）を測定して水の重量から換算して水の体積 V を求める．これにガラスの熱膨張を考慮した室温補正項 (Δ) を加えて真の水体積 V_0 を算出する．

$$V_0 = V + \Delta$$

1 dm^3 のメスフラスコでは $\Delta = 0.004(T - 20)$ cm^3 と表されるから，室温が 15〜25 ℃のときに $\Delta = \pm 0.02$ cm^3 である．標線まで水を入れる操作が下手で，その精密さが $\delta V = 0.1$ cm^3 であれば (3・2) 式を用いて，

$$\delta V_0 = (0.1 + 0.02) \approx 0.1 \text{ cm}^3$$

室温補正項は δV に対してほとんど無視でき，考慮する必要がない．逆に操作が非常にうまく，$\delta V = 0.02$ cm^3 であれば補正項を無視することができない．

例: 恒　量

沈殿を生成させてガラスフィルターで沪過し，沈殿の質量 W_0 を求めたい．ガラスフィルターを1時間乾燥させて質量を測ることを繰返し，質量の変化が 0.0003 g 以下になったときの質量 W_G をガラスフィルターの質量とする．つぎに沈殿の入ったガラスフィルターを沈殿ごと乾燥し，同じように質量の変化が 0.0003 g 以下になるまで繰返す．そのときの質量を W とすれば，沈殿の質量 W_0 はつぎのように表される．

$$W_0 = W - W_G$$

したがってその誤差は（3・2）式からつぎのようになる．

$$|\delta W_0| = |\delta W| + |\delta W_G|$$

いま $|\delta W| = |\delta W_G| = 0.0003$ g となるように測定を行ったのであるから両者はともに無視できず，$|\delta W_0| = 0.0006$ g となる．

つぎに，2種以上の物理量測定値から乗積式（3・3）で物理量 Q が求められる場合を考えよう．このような乗積式は実際によくみられるものである．

$$Q = A x^a y^b z^c \cdots \qquad (3 \cdot 3)$$

ここで Q および $x, y, z, \cdots$ の誤差をそれぞれ δQ および $\delta x, \delta y, \delta z, \cdots$ とすると，Q の相対誤差はつぎのように表される（式の誘導は付録A **2** を参照のこと）．

$$\left|\frac{\delta Q}{Q}\right| \leq \left|a\frac{\delta x}{x}\right| + \left|b\frac{\delta y}{y}\right| + \left|c\frac{\delta z}{z}\right| + \cdots \qquad (3 \cdot 4)$$

これもまた $x, y, z, \cdots$ の誤差が Q の誤差に伝わること，すなわち"誤差の伝播"を示している．（3・4）式から次数（$a, b, c, \cdots$）の高い物理量に関する誤差の影響が大きくなることが読み取れる．測定を行うときは次数の高い物理量について測定の精確さを心がけるべきだろう．

例: 体積の誘導

円筒形に加工された金属部品の体積を求めたい．底面の直径 R および長さ l を測定し，それらの値から円筒の体積 V をつぎの式により算出する．

$$V = \frac{\pi R^2 l}{4}$$

R および l の測定は独立に行われ，おのおのの測定誤差は互いに影響を与え合うこ

とはないが，これらの値を用いて算出する体積 V にはどのような影響を与えるだろうか．V の相対誤差は (3・4) 式を適用してつぎのように表される．

$$\left|\frac{\delta V}{V}\right| \leq \left|2\frac{\delta R}{R}\right| + \left|\frac{\delta l}{l}\right|$$

もし $R = 2.00$ mm, $\delta R = 0.05$ mm, $l = 5.00$ cm, $\delta l = 0.01$ cm であれば

$$\left|\frac{\delta V}{V}\right| \leq 2\frac{0.05}{2.00} + \frac{0.01}{5} = 5\times 10^{-2} + 2\times 10^{-3}$$

となって円筒の直径 R の相対誤差が他の変数の相対誤差の 25 倍になっている．粗い近似をすればつぎのように表すこともできる．

$$\left|\frac{\delta V}{V}\right| \cong \left|2\frac{\delta R}{R}\right|$$

もし体積 V をさらに精確に求めたければ，長さ l の測定について精確さを向上させるよりも直径 R の測定について改善を試み，長さ l の相対誤差と同程度にしなければならない．

・・

和差関数の場合の (3・1) 式でも乗積関数の場合の (3・4) 式でも，誤差式の一つの項だけが小さくなるよう努力するより，各項が等しくなるように工夫する方が効率的で優れた測定といえる．これを **誤差の等分効果** (principle of equal effect) という．

・・

例：重力加速度を求める

単振り子 1 個を用意し，その長さ l および周期 T を測定して重力加速度 g を求める場合を考える．長さと周期は独立して測定される．これらの関係を表す式

$$g = 4\pi^2 \frac{l}{T^2}$$

は乗積関数であるから，測定値から算出される g の相対誤差は (3・4) 式からつぎのようになる．

$$\left|\frac{\delta g}{g}\right| \leq \left|\frac{\delta l}{l}\right| + 2\left|\frac{\delta T}{T}\right|$$

l を物差し（誤差が 0.05 cm）で精確に 1 回測定して 50.00 cm であったとするとその相対誤差は

$$\left|\frac{\delta l}{l}\right| = \frac{0.05 \text{ cm}}{50.00 \text{ cm}} = 1\times 10^{-3}$$

である.周期 T をストップウォッチで 5 回測定して平均 2.00 s,標準偏差 0.02 s であったとする.測定誤差としてこの標準偏差を用いると相対誤差は

$$\left|\frac{\delta T}{T}\right| = \frac{0.02 \text{ s}}{2.00 \text{ s}} = 1 \times 10^{-2}$$

である.これを上式に代入すると,g の相対誤差はつぎのように表され,T の相対誤差によりほぼ決まってしまう.

$$\left|\frac{\delta g}{g}\right| \leq 1 \times 10^{-3} + 2 \times 10^{-2} \approx 2 \times 10^{-2}$$

これを改善するにはどうしたらよいだろうか.l の測定方法を改善することを考えるより,T の測定方法を改善した方が有効である.そこで,振り子が 1 回往復する時間 T ではなく,10 回往復する時間 T' を同じストップウォッチで測定して $T = \frac{T'}{10}$ とする.前と同様にこれを 5 回繰返して平均をとると,測定誤差は同じく $\delta T' = 0.002$ s であるから

$$\left|\frac{\delta T}{T}\right| = \frac{\frac{1}{10}\delta T'}{T} = \frac{2 \times 10^{-3} \text{s}}{2 \text{ s}} = 1 \times 10^{-3}$$

となり,これを用いて算出した重力加速度 g の相対誤差はつぎのように小さくなる.

$$\left|\frac{\delta g}{g}\right| \leq 1 \times 10^{-3} + 2 \times 10^{-3} = 3 \times 10^{-3}$$

・・・

3・3 相関のある場合

● 相互作用と散布図

これまでは $x, y, z, \cdots$ の誤差間には相互作用がないと仮定して議論してきた.では相互作用があると考えられる場合はどう扱えばよいのだろうか.このような場合では二つの問題が生じるだろう.まず,本当に相互作用があるかないかを判断したい.つぎに,相互作用があると判断されたならそれがどんな関係なのか知りたい.

この問題は逆の順序で考えるとよい.はじめに $x, y, z, \cdots$ 間の関係(1 次関数か,2 次関数か,指数関数かなど)を仮定し,実測と最も合致するような関係式を導き出す.つぎにその実測との合致の度合いから"相互作用がある"と判断できるか否かを検討する."この関係式は成り立たない"と判断したら,別の関係式を仮定し

て同様の操作を繰返す.妥当な関係式が成立しなければ"相互作用がない"と判断すればよい.

そこで関係式を導き出すことが先決となる.それにはつぎのような順序で解析を進める.単純化するために2種の物理量 x_i および y_i を $i = 1 \sim n$ について測定したとする.(x_i, y_i) をグラフにプロット(これを散布図とよぶ)してみる.図3・1 (a) の散布図では x_i が変化しても y_i は変化しない.y_i の変化により x_i が変化しな

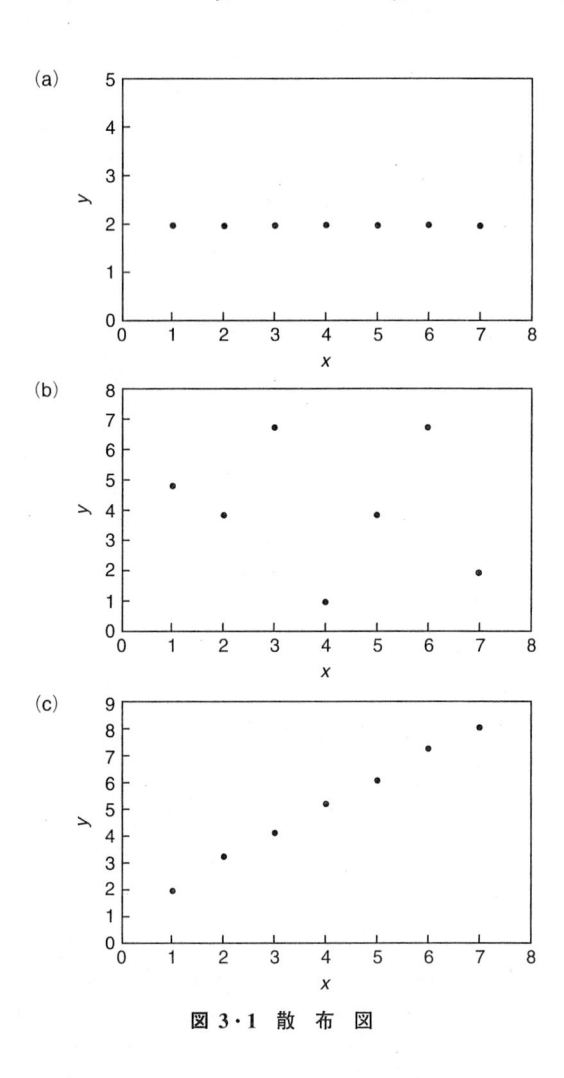

図3・1 散 布 図

い場合も全く同じように考えることができる．図3・1 (b) では x_i の変化に対して無関係に y_i が変化している．これらの場合は相互作用がない，あるいは相関がないといえる．

● **目測で直線を引く**

ところが図3・1 (c) のような散布図が得られたら両者の間に相互作用がある可能性が高い．図3・1 (c) では測定データ (x_i, y_i) の間に $y = ax + b$ のような直線関係が予測される．直線関係が予想される場合，a および b を求めるのに最も簡単な方法は目測である．透明なプラスチック定規をグラフにあてて各点 (x_i, y_i) からの距離が最も小さくなるような直線を引く（図3・2）．このとき直線の上側と下側におおよそ交互に点が存在し，上側の点の数と下側の点の数がほぼ等しくなるようにする．引いた直線の傾き a，y 切片 b をグラフから読み取れば求める直線の方程式が得られる．

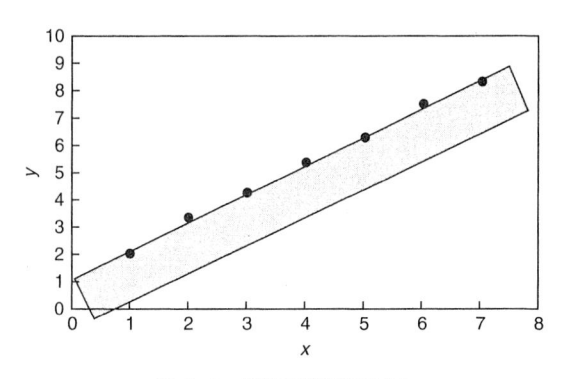

図3・2 目測で近似線を引く

x_i の値を比較的自由に変えられるならば，x_i を等間隔にとって y_i を測定すると目測で直線を引きやすい．この目測による方法では直線からの距離のばらつきを数量化することはできないが，a および b を有効数字3桁程度まで求めることができる．また，のちに述べる"データの重み"を考慮しなければならないときにも，人間の目と脳の微妙な連携により処理することもできる．同時に"こうあってほしい"との思いが強く表れ，誤った結論を導く可能性もある．

例: 分子吸光係数を求める

クロム酸カリウム水溶液の吸光度 A を測定し,濃度 c との関係 (Lambert-Beer 則) $A = \varepsilon c l$ から分子吸光係数 ε を求めたい.そこで測定データの組 (c_i, A_i) をグラフにプロットする.原点を通り,各点に最も合致する直線を目測により引く.その傾きは εl であるから,用いたセルの光路長 l がわかれば ε を求めることができる.

● 1次関数以外の相関

散布図から直線関係が予測されない場合でも,x の増加とともに y が単調に増加あるいは減少していれば2次関数や指数関数など別の関係の可能性がある.簡単な関係が予測される場合には式を1次関数に変換して,先と同じように直線を引くことができる.以下はその例である.

$$y = (ax+b)^2 : \quad Y = \sqrt{y} \text{ とすれば } Y = ax+b$$
$$y = \exp(ax+b) : \quad Y = \ln y \text{ とすれば } Y = ax+b$$

このとき y_i の誤差が i によらず一定であっても Y_i の誤差は y_i の値によって変化するので,各測定点について 56 ページに述べる"データの重み"を考慮するとよい.

例: 重力加速度を求める(その2)

長さ l の異なる単振り子を多数を用意し,その周期 T を測定して測定値の組 (l_i, T_i) を得た.これらの関係を表す式

$$T^2 = \frac{4\pi^2}{g} l$$

を仮定し,重力加速度 g を求めることにする.$y = T^2$ とすると関係式は

$$y = \frac{4\pi^2}{g} l$$

となり,$(l_i, y) = (l_i, T_i^2)$ のプロットから最もデータに合致する直線を求めることができる.その傾きが $\frac{4\pi^2}{g}$ であるから,重力加速度 g が得られる.

3・4 相関の定量的取扱い
● 最小二乗法

　散布図を描き，データに最も合致するように目測で直線を引くことができても，その合致の度合いを定量的に表すことはできないし，目測だけでは最も合致しているのか不確かである．また，1次関数以外の複雑な関係が予測される場合には目測で関係式を導くことができない．このような場合には"最小二乗法（method of least squares）"という方法を用いて関係式を導く．その詳細な原理の説明は他書に譲るとして，ここではその概略を説明する．

　まず直線関係について考えてみよう．n 個の測定データの組 (x_i, y_i) において x_i の測定誤差ならびに y_i の測定誤差が全測定領域で一定とし，それらの間に $y = ax + b$ という関係が成立すると仮定する．直線上では $x = x_i$ のとき $y = ax_i + b$ であるから，y の誤差 d_i はつぎのように表される．

$$d_i = y_i - (ax_i + b) \tag{3・5}$$

$i = 1 \sim n$ について誤差 d_i の二乗和

$$D = \sum d_i^2 \tag{3・6}$$

をとり，これが最も小さくなるような a および b を求める．単純和ではなく，二乗和をとるのは標準偏差の場合と同じ理由である．ここでも簡単のために Σ は $i = 1 \sim n$ についての和を表すとする．D を変数 a および b の関数と考え，偏微分 $\frac{\partial D}{\partial a} = 0$，$\frac{\partial D}{\partial b} = 0$ となるように a および b を決める．その結果，a および b はつぎのような複雑な式で表される．

$$a = \frac{n\sum x_i y_i - \sum x_i \sum y_i}{n\sum x_i^2 - (\sum x_i)^2} \tag{3・7}$$

$$b = \frac{n\sum x_i^2 \sum y_i - \sum x_i \sum x_i y_i}{n\sum x_i^2 - (\sum x_i)^2} \tag{3・8}$$

　関数電卓やコンピューターのソフトには最小二乗法のプログラムが組込まれているので，データ $(x_i, y_i : i = 1 \sim n)$ を入力してから指示に従えば a および b が画面に表示される．たとえば Windows のソフト Microsoft Excel では "グラフ" → "近似曲線の追加" → "近似または回帰の種類" から "線形近似" を選べば最小二乗法によって求めた直線がグラフに書き込まれ（図3・3参照），直線の式 $y = $

$ax+b$ を表示することもできる．この近似直線は回帰直線ともよばれる．

なお，測定に伴う誤差の偏りの影響を除くために x_i をほぼ等間隔にとることが望ましい．

ここで問題になるのが有効数字である．目測で直線を引くときには傾きをグラフから読み取るから有効数字の桁数はおのずから限定される．一方，コンピューターは入力した数字の有効数字を考慮しないで画面にずらりと並ぶ数字を出力する．並んだ数字をどこまで読むか，それはコンピューターを使う者が判断しなければならない．

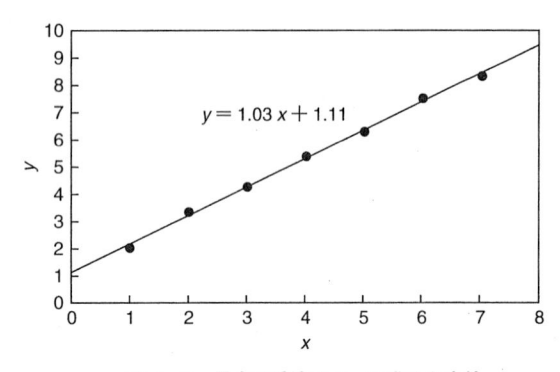

図 3・3　最小二乗法によって求めた直線

● **直線以外の相関と最小二乗法**

つぎに直線以外の関係についても考えてみよう．測定データの組 (x_i, y_i) の間に $y=f(x)$ が成立すると仮定する．理論曲線上では $x=x_i$ のとき $y=f(x_i)$ であるから，y_i の誤差 d_i はつぎのように表される．

$$d_i = y_i - f(x_i)$$

$i=1 \sim n$ について誤差 d_i の二乗和が最小となるようなパラメーターを求める．Windows のソフト Microsoft Excel では"グラフ"→"近似曲線の追加"→"近似または回帰の種類"から予測される関数形を選べば最小二乗法によって求めた曲線がグラフに書き込まれ，その関数式を表示することもできる．扱うことのできる関数形は多項式，対数関数，指数関数，累乗関数である．

これらの計算はコンピューターを用いれば容易であるが，複雑な関数を仮定して

パラメーターの数 p を増やすと，自由度 $(n-1-p)$ が減って近似曲線の信頼性は小さくなる．

● **相 関 係 数**

最小二乗法によって求めた直線の式がどれほど信頼できるかを定量的に表すには (3・9)式で表される相関係数 r を用いる．ここで $\bar{x}$ は x_i の平均値，$\bar{y}$ は y_i の平均値である．r は -1 と $+1$ の間の値をとり，0 に近いほどこの直線に基づいた相関が弱い（相互作用が少ない）ことを示す．

$$r = \frac{\sum (x_i - \bar{x})(y_i - \bar{y})}{\sqrt{\sum (x_i - \bar{x})^2 \sum (y_i - \bar{y})^2}} \tag{3・9}$$

相関係数の計算プログラムも電卓やコンピュータに組込まれている．

相関係数がどれくらいなら導かれた式が信頼できるかについては §6・2 の"検定"を行って調べる．導かれた式が"信頼できない"と結論されても"相関がない"と早まってはいけない．異なる関数 $y = g(x)$ を仮定すると信頼できる結果が得られる場合もある．

また，さまざまな測定を行ってその中の 2 種の測定値間に直線関係の相関があるか否かについても検討することがある．化合物の合成における収率と反応温度，圧力，触媒量，溶媒などとの関係がその一例である．どのパラメーターが最も影響が大きいかを調べるには相関係数を求め，検定を行って判断する．その結論は説得力のあるものになるだろう．

よくある話 最小二乗法と有効数字

反応速度測定において測定した濃度を時間に対してプロットしたところ，データはばらついていた．電卓を用いて最小二乗法を行い，得られる直線の傾きから速度定数を求めた．指定をしないとコンピューターは傾きを 6 桁や 8 桁で表示する．ある学生は有効数字を考えるとき"これぐらいが適当か"，と何の根拠もなく 4 桁とって速度定数の値とした．生のデータである濃度測定値の有効数値が 3 桁のとき，これを統計的に処理して求めた速度定数の有効数字を 4 桁とするのは誤りである．測定値の相関を統計的に求める場合，得られた結果の有効数字の桁数は測定値の有効数字桁数以下になり，増えることはありえない．

● データの重み

　最小二乗法では測定全領域（$i = 1 \sim n$）について測定値 y_i の誤差が等しいと仮定した．この仮定は多くの場合に近似的に成立する．しかし測定範囲によって誤差が異なっていれば，誤差の大きいデータと小さいデータを同等に扱うのは問題がある．それを解決する方法が重みつきの最小二乗法（method of weighted least squares）である．

　測定値の組 (x_i, Y_i) においての Y_i 誤差 δY_i が i によって異なる場合，つぎの (3・10)式で定義される w_i を重み（weight）とする．

$$w_i = \left(\frac{1}{\delta Y_i}\right)^2 \qquad (3 \cdot 10)$$

これを (3・7)式および (3・8)式の各項に乗じれば，誤差の大きいデータは軽く扱われ，誤差の小さいデータは尊重されるので測定値の重みを考慮した直線式が導かれる．

　また，(x_i, y_i) が単純な直線関係ではなく，1次関数以外の関係式が成り立つ場合にもこの方法は有用である．目測で直線を引くときに考えたように，関係式 $y = f(x)$ を変形して $Y = g(y)$ とすれば，直線関係 $Y = ax + b$ が得られるとする．

　Y の誤差 δY と δy との間にはつぎのような関係があり，δY は δy が一定であっても y の値によって変化する．

$$\delta Y = \frac{\partial Y}{\partial y} \delta y = g'(y) \delta y$$

これを (3・10)式に代入して重み w_i を求める．厳密に最小二乗法を適用したい場合には有用な考え方である．

3・5　まとめ

　本章では測定値の解析法の基本を述べた．誤差の大きさを念頭に入れて"生のデータ"から"解析用に処理したデータ"を導く方法，測定値から別の物理量を導出する方法，さらに2種の物理量間の相関関係を明らかにする方法を述べた．相関関係の定量的取扱いにもふれた．化学実験では頻繁に行われている解析である．

　微分やテイラー展開など，この章および付録A❷で用いたいくつかの数学的表現についての詳しい説明は4章を参照されたい．また5章および6章を参考にデー

タの検定や棄却を行ってほしい．

さて本章最後のコラムはダイエットに心掛け，体重計の前で毎日一喜一憂する人に贈る．

体 脂 肪 計

体脂肪計なるものが出回っている．両足を載せるだけでどうやって体脂肪率を測定できるのだろうか．

初めに検査用に募集した人の身体密度を比重計よろしく全身の水中秤量により測定し，これから体脂肪率 x_i を推定する．つぎに両足間に微弱電流を流し，電気抵抗（y_i）を測定する．体脂肪は脂肪酸エステルだから疎水性のために非電導性で，タンパク質部分は親水性のために電導性である．だから体脂肪の多い人ほど電気抵抗が大きい．多くのデータをとって x_i に対して y_i をプロットする．このプロット全体では良好な直線関係を示さないが，性別，年齢，身長，体重などのパラメーターで分類すると比較的良好な直線関係を示す．それぞれの類について最小二乗法を使って対応する近似式を導く．この近似式を体脂肪計に記憶させておき，パラメーターを入力すればそれに対応する近似式に従って，測定した y_i から体脂肪率 x_i を算出する．手で握るタイプの体脂肪計では足のせタイプとは異なる近似式が記憶されている．ゆえに足のせタイプの体脂肪計に両手をのせて測定しても正しい値は出ない．

不思議なことに1日の中で体脂肪率は一定なのに生体電気抵抗は3％ほど変動するのだそうだ．しかも身体密度測定の精密さ，密度と体脂肪率との相関，電気抵抗と体脂肪率との相関はどれほどのものか．どうやら体脂肪率が3％増えてもあわてる必要などなさそうだ．

4. 身につけておきたい数学的常識

4・1 はじめに

化学的な現象を取扱う方法には，大ざっぱにいって二つある．物理化学的方法と有機化学的方法である．これに無機化学的方法を加えるべきだという人もいる．

物理化学的方法で化学の問題を取扱う究極の目的は，あらゆる化学的現象を電子と核という2種類の粒子の相互作用で説明したいというところにある．複雑な化学現象も，最後にはごく少数の普遍的な方程式に還元されるはずだという思想に基づいた方法論であるから，これは本質的には物理学であり，したがって本来数学的である．

一方，典型的な有機化学的方法では，原子およびその最外殻電子よりも内側のレベルに立ち入ることはない．多種多様な化学反応を調べて"原子の組み替えルール"を見いだし，化合物の合成などに利用することがおもな目的である場合が多い．有機化学的方法で得られる結果の多くは，難しい数学の知識を前提とせず，化学構造式のようなもので視覚的に表現することができる．これが良くも悪くも，物理と区別される化学の性格の一つである．

ただし，化学の実験において，初等数学以上の知識は必要ないということではない．実験データの解析や分析機器の関係から，一般的な数学とは少し印象の違う化学のための数学の常識が必要になってくる．ここでは，化学の実験で日常的に使われる基礎的数学をピックアップして，その使い方について述べたい．この部分は，あまり細部にこだわらずに，数式の物理的意味に注目しながら一通り読み通すことをお勧めする．

4・2 最も基礎的な自然の定数 π と e

化学の実験で日常的にごく自然に出会う自然の定数は π と e であるので，まずその扱い方について触れる．

4・2 最も基礎的な自然の定数 π と e

　角度の基本単位であるラジアンは，円の中心からある角度 x で2本の直線を引いたときに，円周上で区切られてできた弧の長さをその円の半径で割ったものである．

$$x \text{〔ラジアン〕} = \frac{\text{弧の長さ}}{\text{半径}}$$

円周に沿ってちょうど半回転したときの $x = 3.14159\cdots$ を円周率 π とよぶ．1回転してもとの位置に戻ったとき，この x は 2π となり，したがって，

$$2\pi \text{〔ラジアン〕} = 360 \text{〔度〕}$$

である．

　一方，これとは別に直角三角形の高さを斜辺の長さで割ったものをサイン $\sin x$ とよぶ．このときの x は，底辺と斜辺のなす角度である．これが三角関数の"幾何学的定義"とよばれるものである．三角関数には，もう一つ，代数的に表される定義すなわち"解析的定義"がある．それによると $\sin x$ は，（x をラジアン単位で表して）つぎのように表現される．

$$\sin x = x - \frac{x^3}{3!} + \frac{x^5}{5!} - \frac{x^7}{7!} + \cdots \tag{4・1}$$

　解析的定義と幾何学的定義はもともと同じものの別の表現であるが，この見かけ上の違いがどのようにして生じるかはここでは重要ではない．幾何学的定義から出発しても解析的定義から出発しても，得られる結論は同じであることが証明されている，というだけで十分であろう．

　コサイン $\cos x$ にも，つぎのような解析的定義が与えられている．

$$\cos x = 1 - \frac{x^2}{2!} + \frac{x^4}{4!} - \frac{x^6}{6!} + \cdots \tag{4・2}$$

このような三角関数の解析的定義を知ることによって，なぜ $\sin x$ を微分すると $\cos x$ になり，$\cos x$ を微分すると $-\sin x$ になるかすっきりと理解できる．

　もう一つよく使われる自然の定数 e は，e^x の形でつぎのように解析的に定義されている．

$$e^x = 1 + x + \frac{x^2}{2!} + \frac{x^3}{3!} + \cdots \tag{4・3}$$

x に1を代入すると，定義により

$$e = 1 + 1 + \frac{1}{2!} + \frac{1}{3!} + \cdots = 2.71828\cdots \tag{4・4}$$

となる．つまり自然の定数 e は，e^x の特別な場合である．

ここで $y = e^x$ として e を底とする両辺の対数をとると，$\log_e y = x$ となる．この自然対数 $\log_e y$ は，慣用的に $\ln y$ と書くがことが多い．一方，$y = 10^z$ として 10 を底にした対数すなわち常用対数をとると $\log_{10} y = z$ となるが，$\ln 10 = 2.3026$ すなわち $10 = e^{2.3026}$ であるので

$$y = 10^z = (e^{2.3026})^z = e^{2.3026z}$$

となる．この自然対数をとると，

$$\ln y = 2.3026z = 2.3026 \log_{10} y$$

となる．したがって，常用対数を自然対数に変換するときは，係数 2.3026 をかければよい．

e^x の定義 (4・3)式から，この関数のいろいろな性質が導かれる．x を正の数とすると x が無限大のとき e^x は無限大となる．$x = 0$ のとき e^x は 1 であり，x がマイナス無限大のとき e^x は 0 に限りなく近づく．つまり，xy 平面上において，e^x は第 4 象元のはるか左側の限りなく 0 に近い状態からこの座標系の原点に近づくにつれてゆっくり立ち上がり，y 軸と 1 の位置で交差して，第 1 象元で無限大に発散する連続的な曲線を描く（図 4・1）．

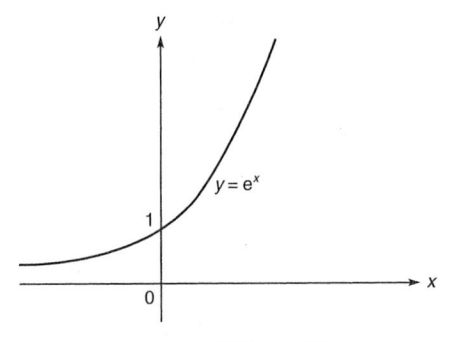

図 4・1 関数 e^x の形

ところで，e^x の x の代わりに複素数 ix を代入すると，つぎのように指数関数と三角関数の密接な関係がわかる．

$$e^{ix} = 1 + ix - \frac{x^2}{2!} - \frac{ix^3}{3!} + \cdots \qquad (4・5)$$

右辺を実数部分と虚数部分に分けて書き，(4・1)と(4・2)式の三角関数の定義を比較すると，実数部分はコサインに，虚数部分はサインに一致することがわかる．

実数部分：$1 - \dfrac{x^2}{2!} + \dfrac{x^4}{4!} - \dfrac{x^6}{6!} + \cdots$

虚数部分：$x - \dfrac{x^3}{3!} + \dfrac{x^5}{5!} - \dfrac{x^7}{7!} + \cdots$

このことから，実験データの解析などでよく使う"オイラーの公式"が得られる．

$$e^{ix} = \cos x + i \sin x \quad (4 \cdot 6)$$
$$e^{-ix} = \cos x - i \sin x \quad (4 \cdot 7)$$

この公式から，つぎのような三角関数と指数関数の基本的な関係を表す重要な公式も導かれる．

$$\begin{aligned}\cos^2 x + \sin^2 x &= (\cos x + i \sin x)(\cos x - i \sin x) \\ &= e^{ix} e^{-ix} = e^0 = 1 \end{aligned} \quad (4 \cdot 8)$$

指数関数 e^x に話を戻せば，この関数は実験データの解析において実に頻繁に使われている．その理由は，この関数の逆数が，自分自身の濃度に比例する速さで消滅する"一次減衰"の数学的表現だからである．

例：一次減衰の速度

今観測している化学種の濃度を x とし，その初期濃度つまり時間 0 における濃度を x_0 とおくと，一次反応に従う化学種の濃度の時間変化は

$$x = x_0 e^{-kt} \quad (4 \cdot 9)$$

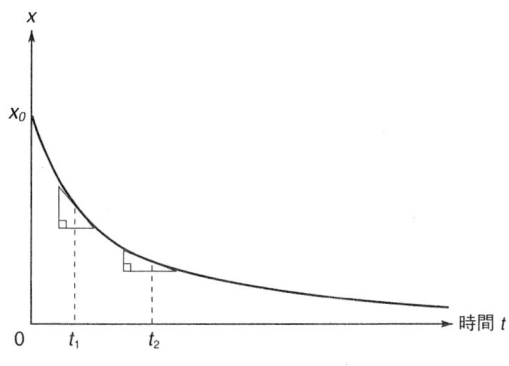

図 4・2 一次減衰曲線

と表される.この式は,一次反応の速度式の微分方程式を解いて得られるが,詳しくはのちに説明する (p.73参照).これは図4・2に示すような減衰曲線を描く.

x の単位時間あたりの変化量すなわち減衰速度は,(4・9) 式を時間 t で微分してつぎのように得られる.

$$v = \frac{dx}{dt} = -kx_0 e^{-kt} \quad (4 \cdot 10)$$

ここで重要なことは,右辺の関数形が係数の $-k$ を除いて変化していないことである.関数 e^x の形がなぜ変化しないかは,(4・3) 式の右辺を実際に自分で微分してみれば納得ができるであろう.e^x は微分しても積分しても関数形が変わらない唯一の関数である.(4・10) 式の右辺を定数 $-k$ で割って得られる $x_0 e^{-kt}$ は,その前の (4・9) 式と同じであり x の濃度そのものである.したがって,この式は,減衰の速度は化学種の自分自身の濃度に比例することを示している.すなわち,濃度が低くなればなるほど減衰速度は遅くなる.この関係は図4・2の減衰曲線の t_1 と t_2 のところで接線を引いてみて,その傾きが時間とともに小さくなっていることからも納得できるであろう.

4・3 グラフによる実験データの表示

実験データはふつう数値として得られるが,その傾向をみたり定量的な解析をしたりするためにグラフ化を行う.

最もよく行われるグラフ化は,縦軸 y と横軸 x の2次元空間で測定データを示すことである.これをデータのプロットという.このときにまずしなければならないのは,測定データを無次元化することである.温度であれ,濃度であれ,あるいは強度であれ,紙の上ではすべて原点からの距離で表される.たとえば温度を紙の上における距離で表そうとしたら,温度の測定値をその単位(たとえば絶対温度K(ケルビン))で割って,単なる数字にしてしまう必要がある.この数字を紙面上の適切な長さに変えることによって一つのプロットが完成する.したがって,y 軸の表示も x 軸の表示も,測定値をそれぞれの単位で割って無次元化したものでなければならない.

4・3 グラフによる実験データの表示

測定値をそれぞれの軸に割り当てるときにも一定のルールがある．一般に独立に変えることのできる変数を x 軸とし，それに依存して変化する値を y 軸にとる．たとえば温度や時間は独立に変えられる変数であるから，常に x 軸にとる．

定量的な解析をするときには，"データの直線化"をしなければならないことが多い．直線化とは，データの関係を表す式をつぎのような一次関数に変えてデータをグラフ上にプロットすることである．

$$y = ax + b$$

このとき，直線の傾きがほぼ45度になるように，x 軸および y 軸の目盛りの間隔を調整しなければならない．この角度が45度から大きくはずれても小さくはずれても，データはグラフの片側にかたまってしまい，グラフ上の空間に無駄（デッドスペース）が生じる．このようなデッドスペースをなくし，データを画面いっぱいに広げるようにプロットすることが，正確な解析を行うための一つのポイントである．

・・

例：一次減衰データの直線化

一次反応の減衰曲線すなわち"時間プロフィール"は，図4・2で示したように指数曲線になる．実験から求めたい値は一次反応速度定数（"時定数"ともいう）の k であるが，曲線のままこの k を求めることは，不可能ではないが容易ではない．そこで，(4・9) 式の対数をとる．

$$\ln x = -kt + \ln x_0 \qquad (4・11)$$

一次反応というモデルが正しい場合，測定によって得られた濃度の対数 $\ln x$ を縦軸とし，t を横軸としてプロットすれば，図4・3に示すような直線関係が得られるはずである．

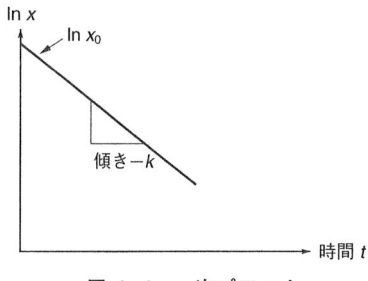

図4・3 一次プロット

こうして，直線の傾きから速度定数 k を求めることができる．注意しなければならないのは，(4・3)式で定義される指数関数は三角関数と同じく次元がないので，対数をとる前に濃度 x を x_0 で割って無次元化しておく必要があるということである．そのためには，頭の中で (4・9) 式を

$$\frac{x}{x_0} = e^{-kt}$$

と変形してから対数をとるようにする．このようなプロセスを経なくとも，結果的には上の図に示すように，y 軸との切片が $\ln x_0$ になることに変わりがないが，無次元化せずにいきなり対数をとることはやはり気持ちのよいものではない．

・・

以上は，格子状の正方形グラフあるいは対数グラフなどをもとにした表示法であるが，無機化学などでは，図 4・4 のように，物質の成分を正三角形のグラフで表すことがある．これを三角座標系という．この空間では，三角形の各辺と垂直に 3 本の軸があると考えればよい．辺 BC に垂直な x 軸は，向かい合う頂点 A すなわち成分 A の濃度を表す．その原点は辺 BC の位置であり，頂点 A では 100 ％ である．同じような関係が，y 軸と z 軸にもある．この 3 本の軸は正方形グラフや対数グラフと違って直交しておらず，互いに 60 度ないしは 120 度の角度で交わっている．

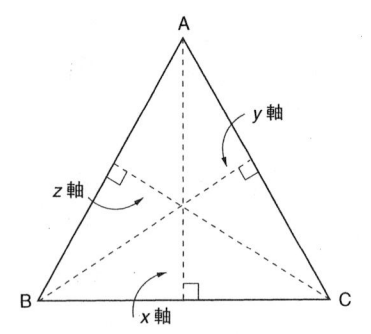

図 4・4 三角座標系

・・

例：三角座標系で A の濃度が 10 ％，B の濃度が 30 ％ の点を求める

x 軸の 10 ％ の点を通るように BC との平行線を引く．同様に，y 軸の 30 ％ の点を通るように AC との平行線を引く．この 2 本の線が交わる点 X が，求める点である．逆にこのプロットから A または B の濃度を求めるときは，A または B と向かい合った辺に垂線を降ろして，その長さを測ればよい．

第3成分Cの濃度も，同様にしてこの点から辺ABに向かって降ろした垂線の長さからわかる．その値は，この場合，100％からAとBの濃度を引いた60％のはずである．このことは，図4・5の幾何学的な考察からも証明できる．

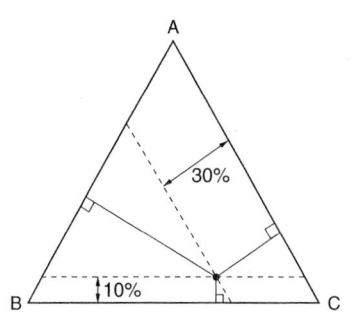

図4・5 三角座標から各成分の濃度を求める

4・4 微分の復習

高校までの物理や化学では，学習指導要領の制限により微分を使えないため，"差分"で代用している．差分とは，変化量という意味で，ふつう Δx および Δy のように表す．これは図4・6に示すような，有限なある程度の大きさをもった変化である．この変化量を極微小にしたものが δx および δy であり，その極限が dx および dy である．実験で観察される現象は，差分よりも微分で解析した方が正確であり，わかりやすくもあるので，ごく基礎的な微分の復習をしてみる．

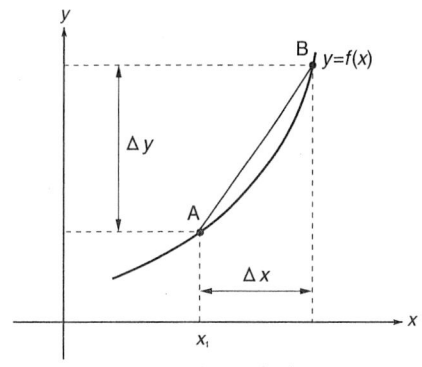

図4・6 微分の概念図

図 4・6 に示すように，xy 平面上で変化する関数を $y = f(x)$ とする．横軸の差分 Δx をどんどん小さくして行くと，それに応じて縦軸の Δy も小さくなり，それぞれ δx および δy となる．その極限における両者の比，すなわち $\frac{\delta y}{\delta x}$ の $\delta x \to 0$ における比を，変数 x に関する関数 y の微分（または導関数）とよび，$\frac{dy}{dx}$ と表す．

$$\frac{dy}{dx} = \lim_{\delta x \to 0} \frac{\delta y}{\delta x} \tag{4・12}$$

図 4・6 の極限から想像がつくように，この微分の $x = x_1$ における値は，点 x_1 で曲線 y に接する接線の傾きに相当する．y を $f(x)$ で表せば，同じことがつぎのように表される．

$$\frac{dy}{dx} = \lim_{\delta x \to 0} \frac{f(x+\delta x) - f(x)}{\delta x} \tag{4・13}$$

一般には微小変化 δx を h と書いて，つぎのように表す．

$$\frac{dy}{dx} = \lim_{h \to 0} \frac{f(x+h) - f(x)}{h} \tag{4・14}$$

しかし，どんな関数でも微分が可能であるとは限らない．関数 $f(x)$ には厳しい条件がある．図 4・6 では点 B を点 A に近づけて極限を求めたが，同じことを点 A に対して点 B の反対側から行っても，結果が同じでなければならない．たとえば $y = f(x)$ のグラフが折れ曲がっていたとすると，折れ点に対応する点 x で微分はできない．

・・

例：$y = x^n$ の微分を求める

$$\begin{aligned} y + \delta y &= (x+\delta x)^n \\ &= (x+\delta x)(x+\delta x)(x+\delta x)\cdots \\ &= x^n + nx^{n-1}\delta x + (\delta x)^2 \text{ などの項} \end{aligned} \tag{4・15}$$

それゆえ

$$\begin{aligned} \frac{dy}{dx} &= \lim \frac{(y+\delta y) - y}{\delta x} \\ &= \lim_{\delta x \to 0} (nx^{n-1} + \delta x, (\delta x)^2 \text{ などの項}) \end{aligned} \tag{4・16}$$

右辺の極限をとれば，第 1 項以外はすべてゼロになる．それゆえ，この微分形はつぎのようなべき関数の微分を与えるおなじみの一般式になる

$$\frac{dy}{dx} = \frac{d}{dx} x^n = nx^{n-1} \tag{4・17}$$

・・

4・4 微分の復習

微分の式は，つぎのようにも書かれる．

$$\frac{dy}{dx} = \frac{d}{dx} y \tag{4・18}$$

この式の右辺は関数 y を微分する形になっている．すなわち，$\frac{d}{dx}$ は関数 y の微分を命令する"微分演算子"である．その一方，左辺は分数の形をしており，$h \to 0$ における δy と δx の比とも理解される．この理解もまた正しいから，関数 $f(x)$ の微分形を $f'(x)$ と定義した上で，分母をはらうことができる．

$$dy = f'(x) \, dx \tag{4・19}$$

このようにして得られた dy を y の全微分という．この式の左辺と右辺は変数が分離されており，右辺を確かめない限りこの微分の変数は特定できない．実際，y が複数の変数から成り立っているとき，dy はすべての変数で関数 y を微分して足し合わせたものになる．dy が全微分とよばれるゆえんである．

・・・
例: 関数 y が変数 u と v の積で表されるとき，y の全微分を求める

$y = uv$ の右辺をそれぞれの変数で微分して足し合わせる．

$$dy = f'(u)du + g'(v)dv \quad \text{だから} \quad dy = v\,du + u\,dv \tag{4・20}$$

となる
・・・

$\frac{dy}{dx}$ が比であるとすれば，その逆数 $\frac{dx}{dy}$ にも同様の意味がある．これを利用して，指数関数 e^x を微分してみる．

$$y = e^x \quad \text{とすると} \quad \frac{dy}{dx} = e^x = y \tag{4・21}$$

$$\frac{dx}{dy} = \frac{1}{\frac{dy}{dx}} = \frac{1}{y} \quad \text{だから}$$

$$dx = \frac{1}{y} dy \tag{4・22}$$

また，つぎのようにも書ける．

$$x = \ln y \quad \text{とすると (4・22) 式より} \quad dx = d(\ln y) = \frac{1}{y} dy \tag{4・23}$$

この最後の式は，のちに指数関数の微分方程式を解くときに重要になる．

4・5 積分の復習

積分は微分の逆と考えてよい．すなわち，$f(x)$ の微分 $f'(x)$ を積分すると，もとの $f(x)$ と積分定数 C の和の形になる．

$$\int f'(x)\,\mathrm{d}x = f(x) + C \tag{4・24}$$

この積分を x についてある定められた領域，たとえば $x=a$ から $x=b$ の範囲で実行すると，つぎのような定積分の式が得られる．

$$\int_a^b f'(x)\,\mathrm{d}x = \Big[f(x)\Big]_a^b = f(b) - f(a) \tag{4・25}$$

積分される関数を $g(x)$ とした場合，その定積分の幾何学的なイメージとして，関数 $g(x)$ の曲線上の点 A と B から x 軸に対して垂直に降ろした点を A′ および B′ としたときに A′B′BA によって囲まれる空間の面積が思い浮かべるであろう．(4・25) 式における $f'(x)$ については，これとは違って，つぎのようなイメージで説明できる．

曲線 $f(x)$ の点 A から出発して曲線 $f(x)$ に沿って点 B に向かう場合，x 軸について δx だけ進むと y 軸に沿っては δy だけ進む．そのときの点 A における接線の傾きは $\dfrac{\mathrm{d}y}{\mathrm{d}x}$ であるから，δy はつぎのように表される．

$$\delta y \to \frac{\mathrm{d}y}{\mathrm{d}x}\delta x$$

数学的にはもう少し厳密な議論が必要であるが，このようなステップを $x=a$ から $x=b$ まで足し合わせてその刻み δx を 0 の極限まで小さくすると，定積分はつ

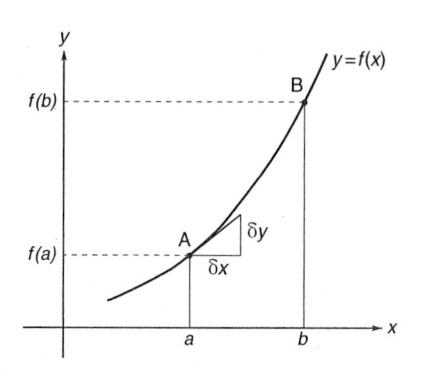

図 4・7 定積分の概念図

ぎの式のように表される．

$$\lim_{\delta x \to 0} \sum_{x=a}^{x=b} \frac{dy}{dx} \delta x = \int_a^b \frac{dy}{dx} dx = \int_{f(a)}^{f(b)} dy = f(b) - f(a)$$

・・

例：指数関数の積分

e^x は積分しても形が変わらない．その積分形は変数 x にかかる係数で指数関数を割ったものとなる．

$$\int e^x dx = e^x + C$$

$$\int e^{ax} dx = \frac{1}{a} e^{ax} + C$$

・・

不定積分および定積分については，公式集にいろいろな関数形の積分の公式がまとめられている．したがって，連続か不連続か，さらには折れ曲がっていないかなどの関数の性格をよく理解した上で，公式集に掲載されている形まで式を変形することが，実際にしなければならない仕事である．そのための変形によく使われる手段が部分積分である．

ここで，関数 $f(x)$ と $g(x)$ という二つの関数の積を微分する．ごく便宜的な表示をすると，この全微分はそれぞれの関数の微分を掛け合わせたものの積となる．

$$(fg)' = f'g + fg'$$

この両辺を積分して変形すると，次のような部分積分の公式が得られる．

$$\int f'g \, dx = fg - \int fg' dx \tag{4・26}$$

この公式は指数関数の積分などで，つぎのように使われる．

・・

例：指数関数に変数を掛けた形の関数の積分

(4・26)式の関数 f と関数 g にそれぞれつぎのような関数を対応させると，部分積分の公式を使って e^{ax} から x を分離することができ，積分可能となる

$$f = \frac{1}{a} e^{ax}, \qquad g = x$$

$$\int x e^{ax} dx = \frac{x}{a} e^{ax} - \int \frac{1}{a} e^{ax} dx = \frac{x}{a} e^{ax} - \frac{1}{a^2} e^{ax} + C$$

・・

そのほかに，積分の計算のためにはさまざまなテクニックや公式が必要である．化学実験では，簡単な微分方程式を解いて実測で得られたデータを解析する場合が多いので，積分の練習問題をできるだけ多く解いて，必要なテクニックや公式については習熟しておく必要がある．また，数学公式集には，

$$\int_0^\infty e^{-a^2x^2}dx = \frac{\sqrt{\pi}}{2a}$$

などさまざまな関数形の不定積分および定積分の公式がまとめられれていることを常識として知っておいた方がよい．

4・6 テイラー展開とマクローリン展開

級数は，複雑な形をした式を実験で得られたデータと比較するときなどによく使われる．その代表的なものは，幾何級数とよばれるもので，定数のあとに変数のべきで展開される．

$$s = 1 + x + x^2 + x^3 + \cdots\cdots \tag{4・27}$$

この級数は無限に展開されるが，$-1<x<1$ すなわち x の絶対値が1よりも小さい場合にかぎって s は無限大に発散せず，ある一定の値で収束する．この場合の級数の和はつぎのような方法によって比較的簡単に求められる．(4・23) 式に変数 x をかけると

$$sx = x + x^2 + x^3 + x^4 + \cdots\cdots \tag{4・28}$$

となり，(4・28) 式から (4・27) 式を引いて変形すると級数の和 s が求められる．

$$s(1-x) = 1, \quad s = \frac{1}{1-x}$$

・・・

例: 結晶の熱容量の理論値

結晶の熱容量は，理論的につぎのような級数で表される．

$$1 + e^{-h\nu/kT} + e^{-2h\nu/kT} + e^{-3h\nu/kT} + \cdots\cdots$$

ここで，h はプランク定数，ν は結晶格子の振動数，k はボルツマン定数，T は絶対温度である．ここで $x = e^{-h\nu/kT}$ とおけば，(4・27) 式と同じ形をしていることがわかる．したがって，この級数の和 s はつぎのようになる．

$$s = \frac{1}{1-e^{-h\nu/kT}}$$

・・・

4・6 テイラー展開とマクローリン展開

以下の (4・29) 式の $a_0, a_1, \cdots$ などに 1 を代入すれば，(4・27) 式の幾何級数は，つぎのように表されるべき級数の一般式の特殊なものであることがわかる．

$$f(x) = a_0 + a_1 x + a_2 x^2 + a_3 x + \cdots \tag{4・29}$$

この級数を用いると，関数 $f(x)$ が複雑な形をしていても，近似的により簡単に表すことができるので便利である．

今，$f(x)$ の 1 回微分，2 回微分などをそれぞれ $f'(x), f''(x) \cdots$ のように表す，ここで，$x = a$ の位置から $x = a + h$ までの関数 $f(x)$ の増加分，すなわち $f(a+h) - f(a)$ はべき級数で展開できると仮定する．

$$f(a+h) = f(a) + a_1 h + a_2 h^2 + a_3 h^3 + \cdots \tag{4・30}$$

この式の定数 $f(a)$ および係数 $a_1, a_2 \cdots$ が一義的に決まれば，$x = a$ の近傍で関数 $f(x)$ を級数として書き表すことができる．このことを，関数 $f(x)$ を "a の近傍でテイラー展開する" という．

途中の過程を一部省略してつぎの式が得られる．

$$f'(x) = \frac{df(x)}{dh} \tag{4・31}$$

この式における $f(x)$ の x のかわりに $a + h$ とおけば，$f(x)$ の $x = a + h$ におけるこの微分は，(4・30) 式を h で微分したものにほかならない．したがって，

$$f'(a+h) = \frac{d}{dh}(f(a) + a_1 h + a_2 h^2 + a_3 h^3 + \cdots) \tag{4・32}$$

となる．ここで，$h = 0$ とおけば，a_1 はつぎのように一義的に決まる．

$$f'(a) = a_1$$

(4・32) 式をもう一度微分すれば，

$$f''(a+h) = 2a_2 + 2 \times 3 a_3 h + \cdots$$

となり，$h = 0$ とおけば

$$f''(a) = 2a_2$$

となって，同様に順次係数が決まっていき，(4・30) 式からつぎのような有名な**テイラー展開**の式が導かれる．

$$f(a+h) = f(a) + h f'(a) + \frac{h^2}{2!} f''(a) + \frac{h^3}{3!} f''(a) + \cdots \tag{4・33}$$

このようにテイラー展開で関数を近似した場合，何番目までの項を採用するかが問題となる．採用した項の数と関数の近似との関係は，図 4・8 で説明される．

テイラー展開した級数の最初の定数 $f(a)$ を"ゼロ次の項"あるいは"ゼロ次近似"とよぶが，これは要するに，図 4・8 で点 A から B までの曲線 $f(x)$ を y 軸と $f(a)$ で交わる平行線で置き換えたもので，実際上近似ともいえない．"一次近似"はそれに第 2 項を加えたものである．この項は，$x = a$ において曲線 $f(x)$ に接線を引いて，点 B から降ろした垂線と交わる点 C を $f(a + h)$ としたものであるから，やや近似らしくなっている．これに高次の項を加えていくと，h の 2 乗，3 乗の項がきいてきて線 AC にしだいに"反り"が加わり，交点 C はしだいに B に近づく．最終的には，点 C は点 B に限りなく近づき，場合によっては一致する．ただし，実際問題としては，4 次や 5 次の項まで採用することは珍しく，多くて 3 次，ふつうは 1 次，2 次までで済ませる場合が多い．

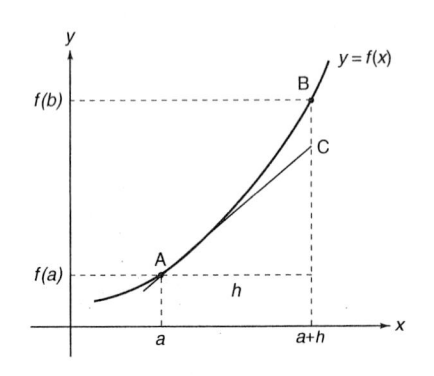

図 4・8 テイラー展開の概念図

・・

例：$x = 0$ の近傍での e^x のテイラー展開

$$f(x) = e^x, \quad f(0) = e^0 = 1$$

微分をとると

$$f'(x) = e^x, \quad f'(0) = e^0 = 1$$

$$f''(x) = e^x, \quad f''(0) = e^0 = 1$$

したがって，$f(x)$ のテイラー展開はつぎのようになる．

$$e^x = 1 + x + \frac{x^2}{2!} + \frac{x^3}{3!} + \cdots$$

このようにして求められた式は,本章の最初の (4・3) 式で示した e^x の定義と一致している.同様の方法で,$\sin x$ および $\cos x$ の解析的定義である (4・1) 式と (4・2) 式を導出することができる.

上の例ではいずれも $x = 0$ の近傍で級数展開を行ったが,この場合,(4・33) 式において $a = 0$ だから $x = h$ である.したがって,そのテイラー展開は

$$f(x) = f(0) + xf'(0) + \frac{x^2}{2!}f''(0) + \cdots \quad (4 \cdot 34)$$

と表される.これは**マクローリン展開**とよばれており,実際の場面ではこの式の方がよく使われる.

4・7 微分方程式を解く

実験科学において微分方程式を解くということは,ある条件でうまく積分を行って導関数を消し,実測可能な変化量の関係式を得ることである.これは決して数学的ないい方とはいえないが,実験データの解析においては,便宜的にこう理解しておいてよい.このことを,化学実験でおなじみの一次反応を例に説明してみよう.

例: 一次反応の速度式から反応物質の時間変化を求める

一次反応の速度 v は,反応物質の濃度 x に比例し,その比例係数が "一次反応の速度定数" である.したがって,

$$v = \frac{dx}{dt} = -kx, \quad \frac{dx}{x} = -k dt \quad (4 \cdot 35)$$

となる.これは導関数 $\frac{dx}{dt}$ を含んでおり,このままでは実測値に相当するものがない.そこで,この両辺を積分する.

$$\int \frac{dx}{x} = -k \int dt + C$$

ここで (4・23) 式の関係を使うと $\frac{1}{x}dx = d(\ln x)$ だから $\ln x = -kt + C$ となる.積分定数 C は x の初期濃度と積分する時間範囲で決まるが,ここでは初期濃度を x_0,積分範囲を $t = 0$ から $t = t$ までとする.この条件では,

$$\left[\ln x\right]_{x_0}^{x} = -k\left[t\right]_0^{t}, \quad \ln x - \ln x_0 = -kt \quad (4 \cdot 36)$$

となり，一次減衰を直線化した (4・11) 式と同じ関係式が得られる．初期濃度 x_0 は実験条件により与えられており，濃度の対数 $\ln x$ と時間 t はいうまでもなく実測可能である．

・・・

以上のプロセスにおいて，導関数を含む速度式 (4・35) を微分方程式といい，最終的に得られた代数式 (4・36) を，ある境界条件のもとで得られたこの微分方程式の"解"とよぶ．代数学において方程式の解は定数であるが，微分方程式の解はこのように関数形で表される．そこで，このように微分方程式から求めるべき関数を"未知数"のかわりに"未知の関数"とよぶこともある．

上の例は，最も容易に解が得られる場合である．．実験データの解析で実際に解かなければならない微分方程式はこれよりも複雑な形をしている場合が多く，その種類に応じてさまざまな解法のテクニックが必要である．代表的な微分方程式の形としては以下のようなものがある．

$$\frac{dy}{dx} + 3y + 2x = 0 \qquad (4・37)$$

$$\frac{d^2y}{dx^2} + 3\frac{dy}{dx} + 2y = x^2 \qquad (4・38)$$

$$\frac{\partial^2 z}{\partial x^2} + \frac{\partial^2 z}{\partial y^2} = x^2 + y^2 \qquad (4・39)$$

(4・37) および (4・38) 式のように，独立変数は x 一つだけであり，したがって未知関数 $y = y(x)$ の独立変数に関する微分のみでできている微分方程式を"常微分方程式"という．一方，(4・39) 式では，未知関数 $z = z(x, y)$ に x と y の二つの独立変数があり，それぞれに関する偏微分を含んでいるので"偏微分方程式"という．偏微分とは，変数が複数ある関数を微分するときに，特定の変数（この場合 x または y）以外を固定して微分する方法である．さらに，(4・37) 式には 1 階の導関数が，(4・38) 式には 2 階の導関数が含まれているので，それぞれ 1 階および 2 階の微分方程式という．1 階，2 階とは，それぞれ関数を 1 回および 2 回微分した形であることを表す．したがって，(4・37)，(4・38) 式は 1 階と 2 階の常微分方程式であり，(4・39) 式は 2 階の偏微分方程式である．それぞれの解き方は数学の教科書を参照してもらうとして，ここでは，ニュートンの運動方程式を解いて，測定可能な関数形を求める方法について説明する．

例: 運動方程式から運動量の変化を求める

古典力学の原理は，簡潔に"物体に一定の力を加えると，一定の加速度で動き始める"と述べることができる．これを数学的に表現すると，つぎのような"運動方程式"とよばれる 2 階の微分方程式になる．

$$F = m\frac{d^2x}{dt^2} \qquad (4\cdot 40)$$

F は物体に加える力，m は物体の質量，t はもちろん時間である．リンゴの落下速度から人工衛星の軌跡にいたるまで，古典力学的世界においてはこの微分方程式が有効であり，適切な境界条件で積分することによって位置や速度を知ることができる．速度 v は微分表示では $\frac{dx}{dt}$ であり，それに m を掛ければ運動量 $m\frac{dx}{dt}$ が得られる．ある時間 dt だけ同じ力 F をかけるとすると

$$F\,dt = m\frac{d^2x}{dt^2}\,dt = m\frac{dv}{dt}\,dt = m\,dv = d(mv)$$

となり，これを積分すると

$$\int_{t_1}^{t_2} F\,dt = \int_{mv_1}^{mv_2} d(mv) = mv_2 - mv_1$$

となる．ここで，速度 v の時間微分すなわち $\frac{dv}{dt}$ は加速度 $\frac{d^2x}{dt^2}$ であるという関係を使っている．時間 t_1 から t_2 まで同じ力 F を加え続けるということは，物体の推進のために力積 $F(t_2 - t_1)$ を与えるということであるが，これによって運動量が mv_1 から mv_2 に変化したことが上の式からわかる．運動方程式は 2 階の微分方程式であるが，速度は 1 階微分の形をしているので，このように微分方程式を 1 回積分しただけで運動量の変化が求められたのである．ただし，実際に速度を測定しようとしたら，結局はもう 1 回積分して位置と時間の関係式を求めなければならないだろう．

つぎのような形の微分方程式を一次の線形微分方程式という．

$$\frac{dy}{dx} + P(x)y = Q(x) \qquad (4\cdot 41)$$

この形の微分方程式は，両辺に $e^{\int P(x)dx}$ を掛けるとうまく解ける．たとえば，

$$\frac{dy}{dx} + 2xy = 4x$$

$$dy + 2xy\,dx = 4x\,dx \qquad (4\cdot 42)$$

について考えてみよう．(4・41) 式と比較すると $P(x) = 2x$ であることがわかる．
(4・42) 式の両辺に

$$e^{\int P(x)dx} = e^{\int 2xdx} = e^{x^2}$$

を掛けた上で，さらにつぎのように変形する．

$$e^{x^2}dy + 2xy\,e^{x^2}dx = 4x\,e^{x^2}dx$$

ここで，全微分の関係式 (4・20) を使うと，つぎのようにかんたんになる．

$$d(ye^{x^2}) = 4x\,e^{x^2}dx$$

両辺を積分すると，つぎのような指数関数の解が求められる．

$$ye^{x^2} = 2e^{x^2} + C, \quad y = 2 + Ce^{-x^2}$$

ここで，右辺の指数関数を積分するときに

$$\int x^{2m+1}\,e^{ax^2}dx = \frac{1}{2}\int t^m\,e^{at}dt \quad (ただし, t = x^2) \tag{4・43}$$

という公式を使っている．すなわち $a = 1$, $m = 0$ のときこの式は

$$\int xe^{x^2}dx = \frac{1}{2}\int t^0 e^t dt = \frac{1}{2}e^t = \frac{1}{2}d = e^{x^2}$$

となる．

・・・

例：二段階反応の時間プロフィール

反応物 A が反応物 B を経て，一分子的に反応して反応物 C ができるとする．

$$A \xrightarrow{k_1} B \xrightarrow{k_2} C$$

ここで k_1 および k_2 は，それぞれの一次反応速度定数である．反応物 A の減少量を z，初期濃度を a とし，反応物 C の生成量 y とすれば，反応開始からある時間 t におけるそれぞれの濃度はつぎのように表される．

$$[A] = a - z, \quad [B] = z - y, \quad [C] = y$$

最終生成物 C の生成速度はつぎのように表される．

$$\frac{dy}{dt} = k_2[B]k_2(z-y)$$

$$\frac{dy}{dt} + k_2 y = k_2 z \tag{4・44}$$

この微分方程式は，関数 $y(t)$ に関する一次の線形微分方程式である．この式と (4・41) 式とを比較すると，t は x に対応していることがわかる．右辺の $k_2 z$ は，い

ずれにせよ時間 t とともに変化するものだから時間の関数で，(4・41) 式の $Q(x)$ に相当する．さらに左辺の第 2 項の k_2 は $P(x)$ に対応するから，

$$e^{\int P(x)dt} \equiv e^{\int k_2 dt} = e^{k_2 t}$$

となる．これを両辺に掛けて変形する前に，(4・44) 式の右辺の z を t の関数に変換しておく．すなわち，第 1 段階の A から B への反応速度式

$$\frac{dz}{dt} = k_1(a-z) \quad を \quad \frac{dz}{a-z} = k_1 dt$$

と変数分離した上で $t=0$ のとき $x=0$ という境界条件で積分する．

$$\int_0^z \frac{dz}{a-z} = \int_0^t k_1 dt$$

(4・23) 式の $d(\ln y) = \dfrac{1}{y}dy$ という関係式を使うと

$$-\ln(a-z) + \ln a = k_1 t$$

となるから z はつぎのように求まる．

$$z = a(1-e^{-k_1 t})$$

これを (4・44) 式に代入して両辺に $e^{k_2 t}$ をかけると

$$\begin{aligned}e^{k_2 t}dy + k_2 y e^{k_2 t}dt &= (k_2 a - k_2 a e^{-k_1 t})e^{k_2 t} \\ d(y e^{k_2 t}) &= k_2 a e^{k_2 t}dt - k_2 a e^{(k_2-k_1)t}dt\end{aligned} \quad (4・45)$$

となる．

この積分は，指数関数の積分 (p. 69 参照) を知っていれば比較的かんたんにできる．

$$\begin{aligned}y e^{k_2 t} &= k_2 a \int e^{k_2 t}dt - k_2 a \int e^{(k_2-k_1)t}dt + C \\ &= a e^{k_2 t} - \frac{k_2 a}{k_2-k_1} e^{(k_2-k_1)t} + C\end{aligned}$$

この両辺を $e^{k_2 t}$ で割って

$$y = a - \frac{k_2 a}{k_2-k_1}e^{-k_1 t} + Ce^{-k_2 t}$$

が得られる．積分定数 C は，$t=0$ のとき $y=0$ という初期条件を利用することによって得られる．

$$y = a\left(1 - \frac{k_2 e^{-k_1 t} - k_1 e^{-k_2 t}}{k_2-k_1}\right)$$

結局，2 段階反応における最終生成物の時間プロフィールとして，図 4・9 のように S 字状の曲線が得られる．また反応物 A の時間プロフィールは当然にも指数

関数的であるし，中間体 B の時間プロフィールはそれぞれの時間において A の濃度から C の濃度を引けば求めることができる．

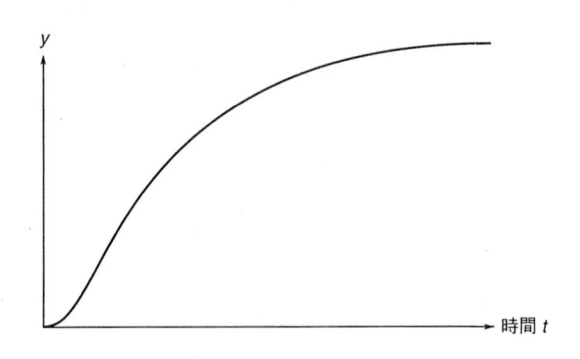

図 4・9 2 段階反応の最終生成物の時間プロフィール

4・8 フーリエ変換

フーリエ変換赤外吸収分光法(FTIR)では，試料を通過した赤外線の白色光をビームスプリッターとよばれる半透明の鏡で二つに分け，一方のビームの光路の長さを変えてもう一方と合流させる（図 4・10）．

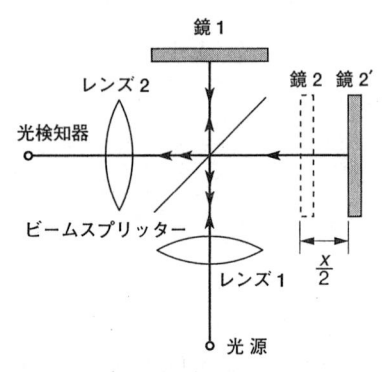

図 4・10 フーリエ変換赤外吸収スペクトル法でインターフェログラムを測定するための光学系

4・8 フーリエ変換

こうして光路長の差を少しずつ変えて光の強度を測定すると図4・11の (a) に示すようなスペクトルが得られる. 光路長差がゼロのときの強い信号をセンターバーストというが, ここからプラスの方向とマイナスの方向に2本の光線の干渉による光の強度のゆれが観測される. このような信号をインターフェログラムという. この信号を, 図4・11 (b) に示した赤外吸収スペクトルに変換する数学的な方法を"フーリエ変換"あるいは"フーリエ逆変換"という. なぜ, インターフェログラムが赤外吸収スペクトルに変換されるのだろうか？

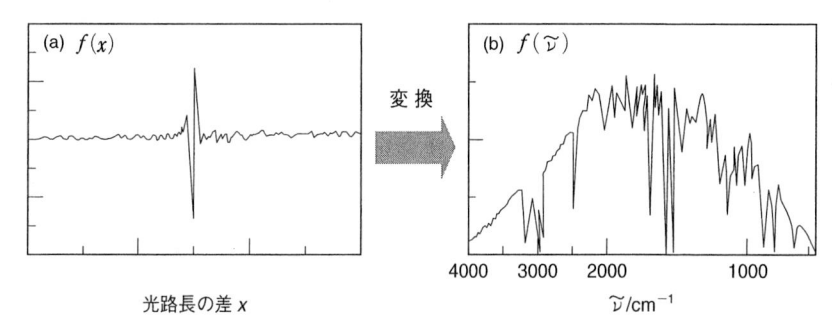

図 4・11 インターフェログラム (a) から赤外吸収スペクトルの変換 (b)

フーリエ変換の方法は, フーリエ級数の考え方に密接に関係しており, "フーリエ級数"の概念の拡張と考えてよい. フーリエ級数とは, 任意の関数 $f(x)$ が x のすべての実数値に対して定義されておりかつ周期的であるかぎり, $f(x)$ を三角関数の一次結合で表すことができるという考え方である.

すなわち, 今, $f(x)$ が三角関数の級数としてつぎのように表されると仮定する.

$$f(x) = \frac{a_0}{2} + \sum_{n=1}^{\infty} (a_n \cos nx + b_n \sin nx) \qquad (4\cdot46)$$

このとき, 係数 a_n および b_n が一義的 (ユニーク) に決まれば, この関数は三角関数でうまく"展開"されたことになる. 実際, $f(x)$ が 2π を周期とする周期関数であれば, これらの係数を

$$\begin{aligned} a_n &= \frac{1}{\pi} \int_{-\pi}^{\pi} f(x) \cos nx \, dx \qquad (n=0,1,2,\cdots) \\ b_n &= \frac{1}{\pi} \int_{-\pi}^{\pi} f(x) \sin nx \, dx \qquad (n=0,1,2,\cdots) \end{aligned} \qquad (4\cdot47)$$

と置いて級数で展開できる．この級数は図 4・12 の例で示すように，$f(x)$ が連続な点では $f(x)$ に収束し，不連続な点ではその点をはさんで隣り合う二つの連続な関数の極限の中間点（図 4・12 では原点 0）に収束する．すなわち，この二つの係数はユニークに決まり，任意の関数 $f(x)$ は三角関数の重ね合わせで置き換えられたことになる．(4・46) 式で示した級数を"フーリエ級数"とよび，(4・47) 式で表された係数を"フーリエ係数"とよぶ．なお，(4・47) 式は角度 x を変数とする関数についての式であるが，より一般的な長さ x を変数とする周期関数では，この式は

$$a_n = \frac{1}{L}\int_{-L}^{L} f(x) \cos \frac{n\pi}{L} x \, dx$$

などと表される．

具体的に 2π で周期的に変化する四角い波すなわち矩形波 $f(x)$ について，フーリエ級数を求めてみる．このような関数は，たとえば，つぎのように表される．

$$f(x) = \begin{cases} -1 & (-\pi \leq x < 0, \ x = \pi) \\ +1 & (0 \leq x < \pi) \end{cases} \quad (4・48)$$

(4・42) 式のフーリエ係数は，この場合つぎのように表される．

$$a_n = -\frac{1}{\pi}\int_{-\pi}^{0} \cos nx \, dx + \frac{1}{\pi}\int_{0}^{\pi} \cos nx \, dx = 0 \quad (n=0,1,2,\cdots)$$

$$b_n = -\frac{1}{\pi}\int_{-\pi}^{0} \sin nx \, dx + \frac{1}{\pi}\int_{0}^{\pi} \sin nx \, dx = \begin{cases} 0 & (n=2,4,\cdots) \\ \dfrac{4}{n\pi} & (n=1,3,5,\cdots) \end{cases}$$

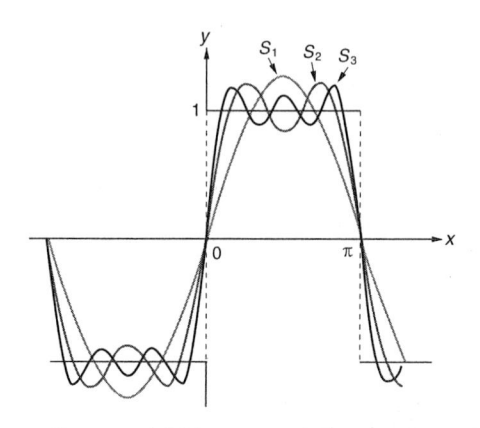

図 4・12　矩形波のフーリエ級数による展開

したがって，フーリエ級数は

$$f(x) = \frac{4}{\pi}\sin x + \frac{4}{3\pi}\sin 3x + \frac{4}{5\pi}\sin 5x + \cdots$$
$$= \frac{4}{\pi}\sum_{n=1}^{\infty}\frac{\sin(2n-1)x}{2n-1}$$

となる．このフーリエ級数の1番目 (S_1)，1番目に2番目を足したもの (S_2)，さらに3番目を足したもの (S_3) を部分和とよぶが，それぞれの部分和は図4・12の曲線で表される．

$$S_1 = \frac{4}{\pi}\sin x$$

$$S_2 = S_1 + \frac{4}{3\pi}\sin 3x$$

$$S_3 = S_2 + \frac{4}{5\pi}\sin 5x$$

図4・12に見られるように，矩形波の連続部分でフーリエ級数の部分和は波を打ちながらしだいに直線に近くなり，その極限において限りなく$f(x)$に近づく．一般には，この式で示されている級数は$f(x)$と厳密には等しいといえない場合もあるが，習慣としてイコールで表示をしている．

このように級数で表された関数は，xのプラスの側から0に近づいたときの極限では$f(x+0) = +1$となり，マイナスの側から近づいたときの極限では$f(x-0) = -1$となって一致しない．関数が不連続な点x（図4・12では原点0）で級数の和は，一般につぎの式で表されることが証明できる．

$$\frac{1}{2}\{f(x+0) + f(x-0)\} = \frac{a_0}{2}$$

このようにして，"矩形波でさえ"三角関数の一次結合で置き換えることができることがわかった．しかし実際問題として，nが整数でとびとびであること，展開しようとする関数$f(x)$が周期的でなければならないなどの点がいかにも不便である．そこで，級数で展開するかわりに，整数nを連続変数αでおきかえて積分してしまう．

$$f(x) = \int_0^{\infty}\{A(\alpha)\cos\alpha x + B(\alpha)\sin\alpha x\}d\alpha \qquad (4\cdot49)$$

ここで，(4・47)式のフーリエ係数の積分範囲をつぎのように拡大しなければなら

ない．

$$A(\alpha) = \frac{1}{\pi}\int_{-\infty}^{\infty} f(x)\cos\alpha x\,\mathrm{d}x, \quad B(\alpha) = \frac{1}{\pi}\int_{-\infty}^{\infty} f(x)\sin\alpha x\,\mathrm{d}x \qquad (4\cdot 50)$$

これを関数 $f(x)$ の"フーリエ変換"という．ここでは三角関数で表示しているが，オイラーの公式を使って複素形にかえて表現すると，$f(x)$ はつぎのようによりかんたんに表される．

$$f(x) = \frac{1}{\sqrt{2\pi}}\int_{-\infty}^{\infty} F(\alpha)\,\mathrm{e}^{\mathrm{i}\alpha x}\,\mathrm{d}x \qquad (フーリエ逆変換) \qquad (4\cdot 51)$$

ただし，$F(\alpha)$ は

$$F(\alpha) = \frac{1}{\sqrt{2\pi}}\int_{-\infty}^{\infty} f(x)\,\mathrm{e}^{-\mathrm{i}\alpha x}\,\mathrm{d}x \qquad (フーリエ変換) \qquad (4\cdot 52)$$

と表される．この二つの式を並べて比較してみるとわかるように，(4・51)式はフーリエ変換した関数をもとの $f(x)$ に戻す操作に相当する．それで，このような数学的操作を上に示すように"フーリエ逆変換"という．ただし，この二つの変換の式は，積分の内部の指数関数の符合が違っているだけであるから，どちらを変換とよび，どちらを逆変換とよんでもかまわない．式の導出や数学的な証明については数学の教科書を参照してもらうとして，ここではこの"変換"の物理的な意味について考えてみたい．

フーリエ変換のときに被積分関数の指数関数 $\mathrm{e}^{\mathrm{i}\alpha x}$ の指数部分に注目してほしい．最初に述べたように，指数関数の肩にかかる数字は次元をもってはいけない．したがって，α も x もいずれも観測可能な物理量だとすれば，この二つは互いに単位を打ち消し合わなければならない．インターフェログラムは，光路の差すなわち長さの関数であり，したがって α は長さの次元をもっている．一方，赤外吸収スペクトルは波数 $\widetilde{\nu}$ の関数である．今，c を光の速度，λ を光の波長，ν を振動数とすると，波数 $\widetilde{\nu}$ すなわち振動数を光の速度で割ったものは，$c = \lambda\nu$ の関係から

$$\widetilde{\nu} = \frac{\nu}{c} = \frac{(c/\lambda)}{c} = \frac{1}{\lambda}$$

となり，$\widetilde{\nu}$ は長さの逆数の次元をもっていることがわかる．すなわち，指数関数の肩の部分 $\mathrm{i}\alpha x$ は（当然のことながら）全体として次元をもっていない．わかりやすくするために，(4・52)式のフーリエ変換の式の変数を FTIR で実際に使われるこれらの物理量で表す．

4・8 フーリエ変換

$$F(x) = \frac{1}{\sqrt{2\pi}}\int_{-\infty}^{\infty} f(\tilde{\nu})e^{-ix\tilde{\nu}}d\tilde{\nu} \qquad (4\cdot53)$$

この式の左辺は，分析光の強度が二つの光ビームの光路差 x を変えるにつれてどのように変化するかを表す関数であるから，実測されたインターフェログラムに相当している．一方，右辺の $f(\tilde{\nu})$ は分析光の光強度の波数依存性であるから，波数を横軸にとったときの試料の赤外吸収スペクトルそのものであり，これが最終的に知りたいと思う結果である．右辺の積分の変数は波数 $\tilde{\nu}$ であり，積分範囲はプラスの無限大からマイナスの無限大である．マイナスの波数というものはあり得ないが，数学的な形式としてはこうしておく必要がある．

以上のプロセスをもう一度振り返ってみると，光源を発した光は試料を通過したあと2本のビームに分けられ，それぞれ異なる光路をたどって合流したことになる．この合流後の白色光には，以下の2種類の情報が含まれているはずである．

❶ 光源の白色光の波数分布と試料により吸収された光の波数分布（$\tilde{\nu}$ の関数）
❷ 試料を通過したあとの光路長の差（x の関数）

インターフェログラムの測定では，光路長 x を変えて情報 ❷ を得た．それでは，このとき情報 ❶ はどこに行ったのだろうか？　それは，"白色光そのものに含まれている"のである．(4・53) 式のフーリエ変換の式に従って，$f(\tilde{\nu})$ に指数関数をかけて $\tilde{\nu}$ の全領域について積分を実行すれば変数 $\tilde{\nu}$ は消えてしまう．つまり，情報 ❶ はこのような積分値として"パックされ"た形でしまい込まれたことになる．(4・53) 式のフーリエ逆変換はこのような"パック"をほどいて，もとの情報 ❶ に戻す操作に相当する．

FTIR では，指数関数の肩の部分がこのように波数 ν と光路差 x の組合わせになっているが，光路差のかわりに時間 t をとれば，その組合わせの相手は振動数 ν になる．このことから，マイクロ波のフーリエ変換測定が可能になる．すなわち，物質に短い電磁波をあてて出てきた電磁波の時間変化すなわち減衰の時間プロフィールを測定する．これをフーリエ変換すれば，振動数を横軸としたマイクロ波のスペクトルが得られる．そのほかにも NMR などさまざまな測定にフーリエ変換が使われるようになり，フーリエ変換の理論は化学実験を行うためには必須の素養になった．初学者は，数学の教科書に従って，この変換式のきちんとした導出やこれに関する公式の証明について学んでほしいと思う．

算　木

　算木は古代中国で案出され奈良時代以前に日本に伝わった計算のための用具である．江戸時代の例では，縦横が2分（約6 mm）で長さ2寸（約6 cm）の木の棒を赤黒それぞれ180本を用意し，罫線が引かれた布の上で操作する．後漢初期の本"九章算術"には加減乗除はもちろん開平，開立の方法が解説され，計算機のなかった昔には算木がその役割を果たしていた．

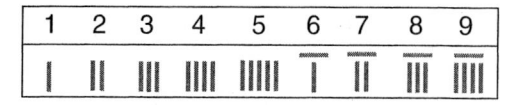

	1	2	3	4	5	6	7	8	9

算木による数の表示（縦式）

　算木で1〜9までの数を表すには上図のようにする．2桁以上の数字は各桁の数をマスに置き，0は空欄で示す．赤色の算木（図中 ━━）で正数を表し，黒色の算木（━━）で表す．11世紀には高次方程式（下図）を算木で解く"増乗開方法"というアルゴリズムが賈憲（かけん）により確立されていた．

十萬	萬	千	百	十	一	
						商
	Ⅲ	ⅢⅠ	Ⅱ	☰		実
			Ⅰ	☰	☰	方
				Ⅲ	ⅢⅠ	廉
					Ⅰ	隅

方程式　$x^3 + 35x^2 + 189x - 35029 = 0$ を算木で表す

　算木を簡便にし携帯可能にしたものがそろばんであり，日本では室町時代ごろから使われたようであるが，一気に計算速度があがった．しかし静かに落ち着いて考えながら操作する算木も明治初期まで存在意義を保った．

　算木を自作し高次方程式を解いてみると，原始的にみえる算木もなかなか侮れないことがわかり，悠久の歴史の智恵が感じられる．

［参考文献：佐藤健一，"新・和算入門"，研成社（2000）；李迪，"中国の数学帳史"，森北出版（2002）など．］

5. 統計学的分析とは何か

5・1 はじめに

実験の対象が比較的単純な場合，得られた測定値の真の値からの変動はつぎのように説明できる．

> 測定値 ＝ 真の値(実験条件による変動を含む) ＋ 測定誤差

この範囲であれば，測定誤差論を理解することで，実験結果を解釈できる．ところが，実験系がさらに複雑になると，これらに加えて制御できない環境条件による誤差が入ることになる．

> 測定値 ＝ 真の値（実験条件による差異を含む）＋ 測定誤差 ＋ 制御できない環境条件による誤差

とても複雑な系，たとえば高等動物を対象にした実験系では，この部分が無視できないほど大きくなる．そのような場合でも，ある分布状態を想定して——あるいは想定しなくても——，二つの集団のデータを比較したり，相互の関係を検討することは可能である．そのための手法が統計学的分析（統計学的検定）である．この手法は，単に検定とよばれることもある．

別の側面からみてみよう．10個のデータからなる A, B 二つのグループの平均値が，それぞれ 2.1 と 3.6 であったとしよう．この二つのグループの間に違いはあるだろうか．正しい答えは，"これだけでは，何ともいえない"，である．図 5・1 は左右の図とも A と B の平均値は 2.1 と 3.6 である．ところが，統計学的な検定で意味のある差がある（"有意差が認められる" と表現する）のは左図だけである．図を見ればわかるように，両図の違いはデータのばらつきの度合いである．左図のデータは平均値の周辺にかたまっていて，個々の点を区別できないほどであるが，右図は 0 から 10 の間に広く分布している．実際に二つのグループの平均値の差を

検定すると左図では意味のある違いがある．

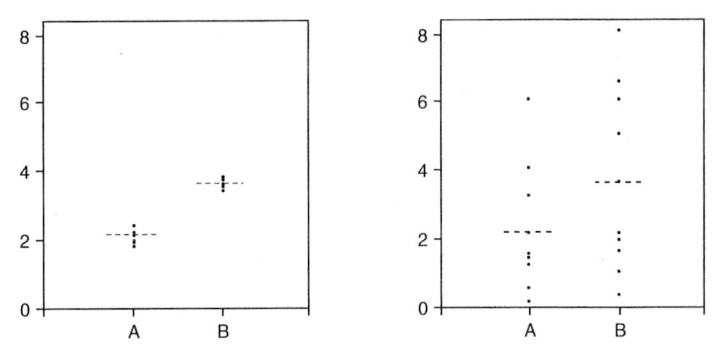

図5・1 平均値が同じでもデータのばらつきが違う場合の散布図（点線は平均値を示す）

科学の多くの分野で統計学が本格的に使われるようになったのは20世紀の中ごろからである．統計学を導入したため，今や論文を読むだけで，そこに記述された実験の信ぴょう性を判断できるようになった．科学は数字で表される定量的なものを扱うことが多い．気温15.6度とか，速度40.23km/hなどはそのまま数字で表現できる．一方，"今日は少し暖かい"とか，"この絵は私の好みの中でも上位にある"など，定性的なもの（数字で表されないもの）は科学になりにくい．しかし，統計学を使えば定性的な対象も定量化して，数学の土俵に引き込むことができる．ときとして，強力な研究の道具になりうるのである．

にもかかわらず，統計学を実際に自分の研究に適応しようとすると，とまどうことが多い．ましてや，初めての場合はどうしてよいかわからないかもしれない．この章では，初めて統計学を使う人達のために，統計学の基礎を述べるとともに全体像を紹介し，統計学的手法すなわち検定法の意味が理解できるように解説する．

どんな技術でも，どうしたらよいかわからないとき，まずは書物を開こうとするであろう．しかし，本の選び方を誤ると，わからないどころか，数学理論の闇の中に迷い込んでしまうことがある．

使う側から考えると，統計学の書物の内容は以下の三つに分類される．わかりやすくするために，かっこ内にテレビに例えた場合，何に相当するかを示した．

❶ 検定方法を導出する過程（テレビの構造）
❷ 検定方法の解説（テレビの機能）
❸ 検定方法の種類と使用方法（テレビ番組欄）

もちろん❶と❷を知っているに越したことはないが，一方でこれらの学習には相応な時間が必要であり，優れた教師も必要になるかもしれない．テレビを見るにしても，すべてを知っていることが理想であるが，テレビ番組欄の利用方法を知ってさえいればテレビは楽しめる．テレビの構造や機能を知らなくても，十分テレビを有効に活用できるのである．大切なことは，自分にはどの知識が必要であるかを判断して，適切なテキストを利用することである．

本書は❸の使用方法に重点をおいて話を進めていく．したがって，統計学の基本となる確率論や分布図などについては最低限しか言及しない．さらに詳しく知りたい方はそれらについて書かれた本を参照していただきたい．また，できるだけ数式を使わないで，感覚的に説明していく．数式をそれほど使わなくても，検定を理解し利用することは可能である．本書は高校生程度の数学で理解できるよう努めた．

5・2 統計学の基礎
● 正規分布とは何か？

ある集団A，たとえば日本人の身長から多数の測定値を抜き出すと，さまざまな値を示すであろう．これらの値が，ある数値幅の中に何個あるか（これを度数とい

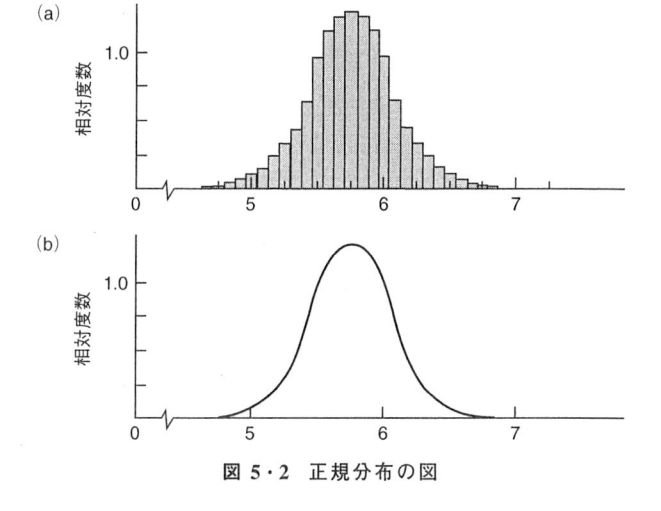

図5・2 正規分布の図

う）を計算して図示すると図5・2(a)のようになることが多い．さらに，分布幅をならしてなめらかな曲線にすると図5・2(b)のようになる．このような分布の形を**正規分布**（normal distribution）とよぶ．

数学的に取扱いやすくするために，数式で表現すると (5・1) 式のようになる．ここでμは母平均，σは母標準偏差を表す．eは自然対数の底である．μとσについての数学的定義は§5・3で与えられる．平均や標準偏差に"母"がついているのは，限られた数の測定値から計算される平均値や標準偏差（"標本"平均値，"標本"標準偏差）と区別するためである．母平均や母標準偏差は，測定を数多く行った結果から得られる真の値を意味している．

$$p(z) = \frac{1}{\sqrt{2\pi}\sigma} e^{-\left(\frac{1}{2}\right)\left(\frac{x-\mu}{\sigma}\right)^2} \qquad (5・1)$$

● **パラメトリック法とノンパラメトリック法**

多くの統計学的検定では，測定の対象が正規分布をしていることを仮定している．このように特定の分布形を前提にした検定方法をパラメトリックな検定という．ここに，現実と統計学の間の継ぎ目がある．対象が正規分布など特定の分布形をしていなければ，パラメトリックな検定方法は使えない．特定の分布形を前提にしないノンパラメトリックな検定方法を使用すべきである．

科学が対象にする分野でも，身長のように正規分布する数だけではなく，とびとびの値しかとれない数も対象になりうる．たとえば，複数選択にしてあるアンケートの回答数や，ある意見に賛成した人の数などは不連続な値をとる．このような場合，対象が正規分布になることを期待できないので，検定方法の変更が必要である．分布を仮定しないで扱う手法を総称して**ノンパラメトリック法**（nonparametric methods）とよぶ．サンプル数が少なくて分布が予想できない場合も同様な扱いをすることがある．

これに対して，何らかの既知の分布を仮定して扱う手法は**パラメトリック法**（parametric methods）とよぶ．まったく同じ目的の検定であっても，ノンパラメトリック法では計算方法から異なるので，注意が必要である．また，一般にノンパラメトリック法はパラメトリック法よりも検定力が落ちることが多い．換言すれば，有意差は出にくい．

● 標準正規分布

いったん，正規分布であることがわかれば，その μ と σ がどのような数値を取っていようと，つぎの変換式を利用して標準正規分布に変換できる．

$$z = \frac{x - \mu}{\sigma} \tag{5・2}$$

標準正規分布 p は以下のように z を変数とする一変数関数となり，数学的にさらに扱いやすい形になる（図 5・3）．

$$p(z) = \frac{1}{\sqrt{2\pi}} e^{-\left(\frac{1}{2}\right)z^2} \tag{5・3}$$

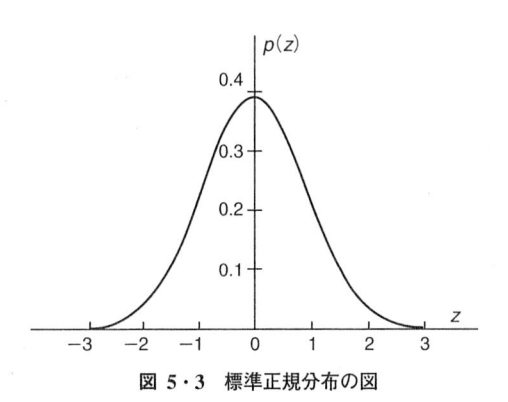

図 5・3 標準正規分布の図

標準正規分布は数学的によく調べられており，各種の応用が可能で，統計学において最も有用な分布の一つである．たとえば，この曲線と x 軸で囲まれる面積は1になる．

ところで標準正規分布に変換するための，z への変換の手法，すなわち平均からのずれの分布を特徴づける変数，たとえば標準偏差 σ で割って標準化するという考え方は，統計学の随所で出現する大切な考え方である．X を

$$X = \frac{\text{平均からのずれの和}}{\text{分布を特徴づける変数}} \quad \text{あるいは} \quad X = \frac{\text{平均からのずれの二乗の和}}{\text{分布を特徴づける変数}}$$

のように定義すれば，X の値から，平均からのずれが偶然よりも大きいか否かを比較することができるようになる．ずれが小さければ，偶然の範囲内ということになる．

● 統計学でよく使われる分布

　図5・4に統計学でよく使われる分布の形を示す．それぞれ，横軸の値に対する頻度を縦軸にプロットしたものである．物理学や化学，生物学などの測定における誤差の多くは"正規分布"に従う．さらに，これ以外の有用な分布，たとえば，二項分布を正規分布によって近似することもできる．また，正規分布では$\mu \pm \sigma$の範囲には全体の68.27％が，$\mu \pm 2\sigma$の範囲には全体の95.45％が，$\mu \pm 3\sigma$の範囲には全体の99.73％が含まれることが知られている．"t分布"は平均値の差の検定で，"F分布"は分布の違いの分析や分散分析で，"χ^2分布"はχ^2検定で使われる分布形である．それぞれの分布形は自由度により変化する．自由度無限大のt分布は正規分布に等しい．対象のデータがパラメトリックな場合，実際の検定では，ある分布形を仮定して，対象のデータがその分布の中で示す値が横軸上のどこになるか計算する．その点が，図の ▨ の部分に含まれれば有意な差があることになる．

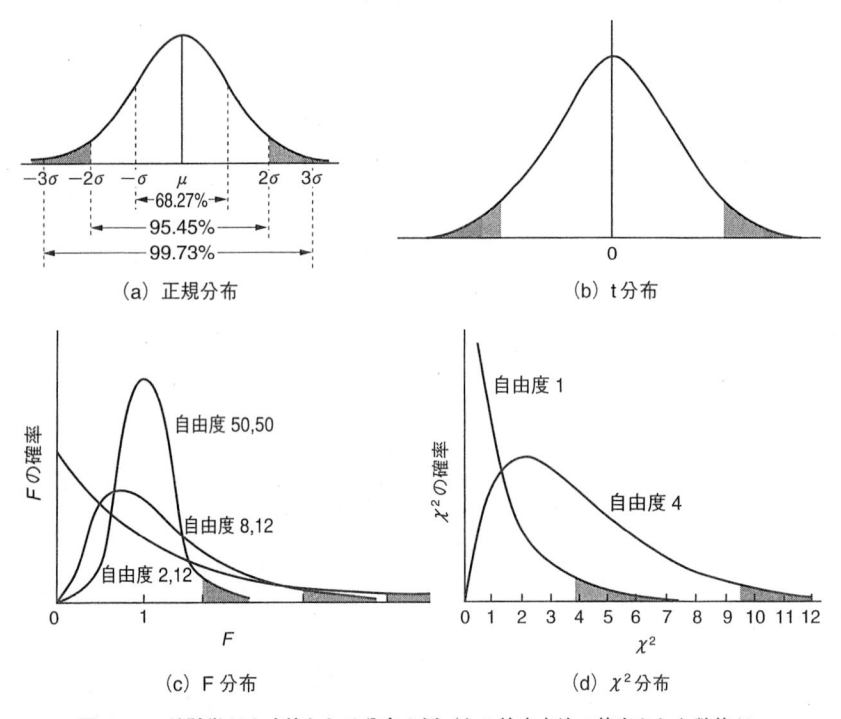

(a) 正規分布

(b) t分布

(c) F分布

(d) χ^2分布

図 5・4　統計学でよく使われる分布の例（ある検定方法で算出された数値が，それぞれの分布の ▨ の部分に入れば有意差があることになる）

5・2 統計学の基礎

● 分布のどちら側が有意か

正規分布を使って検定をする場合には図5・4の95％境界値である±2σよりも外側の影の部分に検定で得られた値があると，意味のある差があることになる．しかし，複数の検定方法を経験すると不思議に思うのは，検定で得られた値が境界値よりも大きければ有意なのか小さければ有意なのかという点である．残念ながら，それは検定方法により異なるので，一概にどちらともいえない．必ず，例題を見て確認しておく必要がある．χ^2 分布のように，分布によっては片側にしか ▓ の部分がないこともある．検定手法そのものを理解していれば，このことで悩むことはなくなる．その検定方法で利用している確率分布をどのように使っているかがわかるからである．

● 検定と信頼区間

真の平均である母平均が μ のとき，標本数 n のデータから得られる標本平均 X を計算しても，いろいろな誤差があるので μ と同じにはならない．

$$\mu = X \pm 標本誤差$$

しかし，X がどれくらい μ に近いかの目安として，範囲の設定はできる．これを**信頼区間**といい，その方法を**区間推定**という．

たとえば，正規分布では95％信頼区間は，標準偏差を σ, 標本数を n として

$$X - 1.96\frac{\sigma}{\sqrt{n}} < \mu < X + 1.96\frac{\sigma}{\sqrt{n}}$$

と表される（図5・5）．

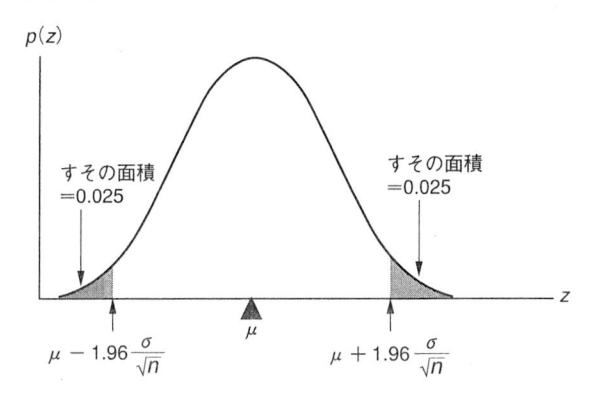

図 5・5 母平均 μ まわりの標本平均の正規分布

一般に正規分布の信頼区間は，$u(\alpha)$ を標準正規分布（両側確率）の α に対応する値とすると，つぎのように表される．

$$X - u(\alpha)\frac{\sigma}{\sqrt{n}} < \mu < X + u(\alpha)\frac{\sigma}{\sqrt{n}}$$

ここでたとえば，95％信頼区間を求めるには，付録B，表B・7（片側確率）の95％に相当する値，すなわち 0.95 ÷ 2 = 0.475 を探す．確率分布表は μ を中心に片側だけについて計算されている．これを片側確率とよぶが，両側確率で計算するためにはこのように2で割る必要がある．"0."は省略され6桁で表示されているので 475000 に近い値を見つける．これは，上から20行目右から4列目にある 475002 である．このとき，行（1.9）と列（0.06）の値を加えたものが求める値 $u(\alpha) = 1.96$ である．

検定はもともと "仮説検定" の略である．ここでの仮説とは**帰無仮説**（null hypothesis）のことであり，検定に際しては，最初に帰無仮説を立てる．たとえば平均値の差の検定では "二つのグループが同一である" との仮説をたてる．そして，この仮説を計算によって検討する．通常は，この仮説が成り立たないことを期待しているので，予想どおりであればこの仮説は捨てられ，無に帰するので，帰無仮説とよばれる．

平均値の差の検定では二つのグループが同一の母集団に属しているかどうかを調べるのであるが，検定の結果この仮説が成立すれば，仮説は採択される．逆の場合には仮説は棄却され，両グループに統計学的に意味のある差があることになる．このとき，95％以上の確率で棄却が確かであれば，"危険率5％以下で有意差が認められる" と表現する．

各グループの代表値として平均値を用いて，それを比較するのが平均値の差の検定である．一方，それぞれのグループの平均値の信頼区間（信頼限界）を計算して，それが交わるかどうかを確かめても数学的には同じである．図5・6(a) は 95％信

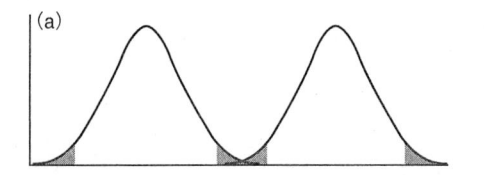

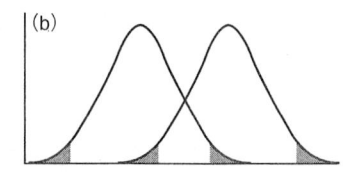

図 5・6　信頼区間から有意差を求める

頼区間の範囲（白い部分）が二つの分布で交わっておらず，平均値に差が認められるが，(b) では二つの分布の95%信頼区間が交差しており，平均値の間に差は認められない．

このように，検定と区間推定はものごとを別の観点から見ているだけで，本質は同じである．通常は検定を中心にして説明される．論文を投稿しようとする学会誌によっては，検定結果だけでなく信頼区間についても記述を求められることがある．特に医学論文などでは，単に有意かどうかよりも，信頼区間を付記するほうが望ましい場合がある（たとえばケース数が少ない場合）．

5・3 平均値，自由度，標準偏差，標準誤差の定義と計算
● 平均値と自由度

データの個数を n とすると，**平均値**（average, mean）はつぎのように定義される．

$$\bar{x} = \frac{\sum_{i=1}^{n} x_i}{n} \tag{5・4}$$

これは与えられたデータの総和をデータの個数で割ることを意味する．たとえば，データの組として $\{2.5, 3.2, 2.4, 3.7, 2.8\}$ が与えられたとしよう．この場合，$n = 5$ である．

$$\bar{x} = \frac{x_1+x_2+x_3+x_4+x_5}{5} = \frac{2.5+3.2+2.4+3.7+2.8}{5} = \frac{14.6}{5} = 2.92$$

平方和は

$$S = \sum_{i=1}^{n}(x_i-\bar{x})^2 = \sum_{i=1}^{n}x_i^2 - \frac{\left(\sum_{i=1}^{n}x_i\right)^2}{n} \tag{5・5}$$

である．実際の計算では，平方和は $\sum_{i=1}^{n}(x_i-\bar{x})^2$ ではなく $\sum_{i=1}^{n}x_i^2 - \frac{\left(\sum_{i=1}^{n}x_i\right)^2}{n}$ を用いるべきである．これにより計算精度がよくなる．$\sum_{i=1}^{n}(x_i-\bar{x})^2$ では，$(x_i-\bar{x})$ が小さい場合，計算による誤差が異常に拡大する可能性がある．平方和は，各データの平均値からの差の二乗の和を表している．付録A **3** でこの2式が数学的に同一であることを証明する．

この例の場合

$$\sum_{i=1}^{5} x_i = 14.6$$

である．一方，

$$\sum_{i=1}^{5} x_i^2 = 2.5 \times 2.5 + 3.2 \times 3.2 + 2.4 \times 2.4 + 3.7 \times 3.7 + 2.8 \times 2.8$$
$$= 6.25 + 10.24 + 5.76 + 13.69 + 7.84 = 43.78$$

なので

$$S = 43.78 - \frac{14.6 \times 14.6}{5} = 1.148$$

つぎに出てくる分散を計算するための**自由度**（df : degree of freedom）は $\phi = n-1$ と定義される．この例では $\phi = 5-1 = 4$ である．なぜ自由度とよぶかはつぎに説明する．この場合の自由度は，母平均 μ ではなく標本平均 $\bar{x}$ を用いて S を算出しているので，自由度 $\phi = n-1$ となる．

● **自由度とは何か？**

母集団から理想的に標本を採取した場合，母集団の平均（母平均）と標本平均は等しくなるはずである．標本平均が母平均と等しくなるように n 個の標本を採取しようとする場合，$n-1$ 個の標本までは自由に抜き取ることができるが n 個目の標本は制約を受け自由に抜き取ることはできない．この $n-1$ を自由度という．上記の例で，平均値 2.92 が母平均であるとして決まっていると考えると，最初の 4 個の組 {2.5, 3.2, 2.4, 3.7} を採取してしまうと，最後の値は 2.8 以外にはあり得なくなる．すなわち，自由に標本を採取できるのは 4 個までなので，自由度は 4 となる．ただし，自由度は常に $n-1$ であるとは限らず統計手法により異なることもあるので，注意が必要である．

この自由度という概念があるため，数値表の標準化が可能になり各種の統計表を汎用的に利用することが可能になっている．

● **標準偏差と標準誤差**

不偏分散（V = 平方和÷自由度； variance）は

$$V = \frac{S}{\phi} \tag{5・6}$$

と定義され，データの平均値からの分散の度合いを表す．ここでは $V = 1.148 \div 4 = 0.287$ である．

標準偏差（SD；standard deviation）は分散を使って
$$\mathrm{SD} = \sqrt{V} \tag{5・7}$$
である．この例では
$$\mathrm{SD} = \sqrt{0.287} = 0.536$$
電卓や統計ソフトでも準備されている
$$s = \sqrt{\frac{S}{n}} \tag{5・8}$$
は，通常の検定では用いないので注意が必要である．不偏分散による標準偏差が母集団の理論的な標準偏差を与えるので，検定ではこの平方和を $(n-1)$ で割った標準偏差を用いる．

標準誤差（SE；standard error）は
$$\mathrm{SE} = \frac{\mathrm{SD}}{\sqrt{n}} \tag{5・9}$$
で定義され，この例では
$$\mathrm{SE} = \frac{0.536}{\sqrt{5}} = 0.240$$
となる．

● **標準誤差の意味と意義**

標準誤差 SE は興味深い性質をもっており，数値を図示する際に有用である．標準偏差 SD は生データの分散の大きさを示しているが，SE は平均値の分散の大きさを表す．SE の数学的な解説は付録A 4 にゆずり，ここではその使い方を説明する．

図5・7では平均値を○で，平均値±SE を－で表している．この上下の線に囲まれた範囲が，平均値のある可能性の高い部分である．左図では，a の平均値±SE の範囲と b の平均値±SE の範囲が交差している．すなわち，平均値の差は小さいことが推測される．一方，右図のa と b では，二つの範囲は交差していない．したがって，平均値の差は大きいことが推測できる．

実際に平均値の差の検定を行うと，右の場合には有意差が認められることが多い．そうでなかった場合，検定か作図のいずれかが誤っている可能性が高い．平均値±

図 5・7　平均値 ± SE の例

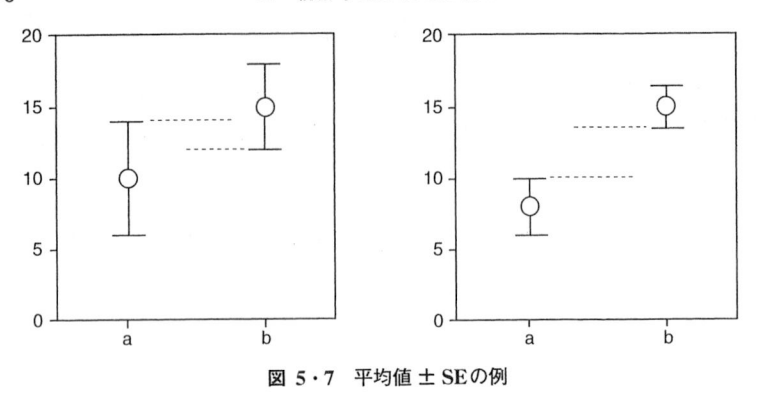

SE の図を描けば，平均値の差が一目で見分けられるのである．

　ただし，いずれにしろ，検定は行わなければならない．また，範囲が交差しないことが必ずしも有意差に結びつくわけではない．逆に，交差していても有意差が認められる場合もある．特に n が 10 以下の場合はこの推定が成立しないこともある．平均値 ± SE の図は，あくまで目安である．

● 誤差の概念とその表記

　ところで，最終的に表示する数値，たとえば平均値や SD の四捨五入は測定値の有効数字の 1 桁（$n = < 20$）または 2 桁下（$n > 20$）とする．これには，誤差の概念が反映されている．たとえば，生データが 3 桁で 65.3 59.4 のように小数点以下 1 桁で表されているとすれば，検定の計算では小数点以下 2 桁以上で計算し，最終的な結果は小数点以下 2 桁で 63.25 のように表示する．これにより読者は生データの有効数字が小数点以下 1 桁であることを推測する．コンピューターが出した結果だからといって，63.246891 のように小数点以下の桁数をあげると，生データの有効桁数を推測できなくなり不適当である．もちろん，途中の演算は有効数字以上の大きな桁数で実行する．

● 標本数はどれくらいが適当か？

　ベルヌーイの大数の定理によれば，標本数（n）が大きければ大きいほど理論値に近づくので，大きいに越したことはない．しかし，実験可能回数にはおのずから限度があるので，統計学的には検定力とよばれる値を計算する．一般に標準偏差が

小さく，平均値の差が大きいほど n は小さくてもよい．換言すれば，実験条件の統制が完全にできれば標本数は少なくてもよい．それでは，統計学的に標本数がどれくらいであれば有効なのか．$n = 10$ ならよいのか．それぞれの場合にいくつかのパラメーターを考慮する必要があるので，残念ながら同じ検定方法についてさえ，同一の値を示すことはできない．たとえば，平均値の差の検定では，対象とする2グループの値の分散が小さくて，平均値の差が大きければ，標本数は小さくてもよいことになる．詳しくは，文献を参考にしていただきたい．最近では，必要な標本数を教えてくれる統計プログラムもある．

● 帰無仮説をどう立てるか？

検定では最初にグループ間に差はないとする帰無仮説をたて，計算によってこの仮説を検討する．多くの統計学入門書では，帰無仮説を立てることの重要性を強調している．たとえば，t 検定では，二つの比較する集団の平均値に差がないことを帰無仮説にする．χ^2 検定では各条件での値の出現比率が同じであることを帰無仮説とする．これが重視されているのは，統計学という数学と現実とを結びつける重要なポイントだからである．このほかに，現実との継ぎ目は，母集団が表す分布の形の仮定にある．ノンパラメトリックな検定では，仮説をどう立てるかは確かに重要である．へたをすれば，仮説の設定が悪いために，真実が反映されない結果を導くことがある．

しかし，通常の実験ではかなり明確な意図によって実験計画が立てられる．同じ種類の実験を繰返している場合は，毎回意識して帰無仮説を選ぶ必要はない．通常，比較するのは，あるパラメーターを変化させた実験で得られた値と，変化させない実験で得られた値である．あるいはある物質を加えた実験での値と，加えない実験での値である．帰無仮説は"対象との間に違いがない"ということになる．これはこのまま，t 検定に持ち込めばいいのであって，このような場合の帰無仮説は何かなどと苦悩する必要はない．

● 第一種過誤と第二種過誤

帰無仮説が正しいにもかかわらず，仮説を棄却して誤っていると判定することを第一種過誤とよぶ．一方，帰無仮説が誤っているにもかかわらず，仮説を採択し正しいと判定することを第二種過誤とよぶ．

真　実	帰無仮説が正しい	帰無仮説が誤っている
帰無仮説を採択	正しい	第二種過誤
帰無仮説を棄却	第一種過誤	正しい

100％から確からしさを引いた値が，**危険率**である．たとえば，検定結果が99％確からしいと危険率は1％となる．この危険率を大きくすると第一種過誤が起きやすくなる．一方，危険率を小さくすると第二種過誤が起きやすくなる．双方の過誤を防ぐために，境界となる危険率を何％にするかが重要になってくる．一般には，危険率はどんなに大きくても，5％までである．すなわち，95％以上の確からしさがないと統計学的に意味のある差，有意差があるとはいえない．

6. 検定方法の実際

6・1 はじめに

この章では，検定方法の実際を解説する．以下の説明に従って定義式どおり計算していけば，検定の結果が得られる．計算式を理解することで，現実と検定の継ぎ目がどこにあるか意識することも大切である．定義式を読んだだけでは実際にどう計算するか，どのように分布表を利用するかがわからないこともあるので，それぞれに例題を付記した．これらの例題を実際に解くことで，それぞれの統計手法を身につけてほしい．

6・2 相関係数の検定（回帰分析）

変数 x が変化するに従って変数 y が変化するとする．このとき y を**従属変数**（目的変数），x を**独立変数**（説明変数）という．このような関係が推測されるとき，相関係数（correlation coefficient）の検定を行う．この検定では，すべての点を図にプロットした散布図の点集合に最もよく適合する直線，すなわち回帰直線を求める．これを**回帰分析**ともいう．回帰分析では，y を以下のように二つの変動要因に分離して解析する．

$$y = x\text{による変動} + \text{誤差変動}$$

さて，Σ 記号に慣れてきたところで，表記を簡略化する．今後 $\sum_{i=1}^{n} x_i$ は Σx_i とする．

相関係数の算出に利用する変数は Σx_i，Σy_i，Σx_i^2，Σy_i^2，$\Sigma x_i y_i$，n であり，それぞれ x の総和，y の総和，x の二乗の総和，y の二乗の総和，x と y の積の総和，データの個数を表す．つぎに，x, y, xy の分散を計算する．

$$S_x = \sum x_i^2 - \frac{\left(\sum x_i\right)^2}{n} \tag{6・1}$$

$$S_y = \sum y_i^2 - \frac{(\sum y_i)^2}{n} \qquad (6\cdot 2)$$

$$S_{xy} = \sum x_i y_i - \frac{\sum x_i \sum y_i}{n} \qquad (6\cdot 3)$$

とすると，ここから相関係数 r が計算できて

$$r = \frac{S_{xy}}{\sqrt{S_x S_y}} \qquad (6\cdot 4)$$

である．r は回帰直線からのばらつきの度合いを示している．逆にいえば，回帰直線はすべてのデータ点から回帰直線への距離の和が最小になるように算出される．回帰直線の傾きは

$$b = \frac{S_{xy}}{S_x} \qquad (6\cdot 5)$$

となる．回帰直線上のある点 (x,y) を考えると次式が成り立つはずである．

$$y - \bar{y} = b(x - \bar{x}) \qquad (6\cdot 6)$$

これを y と x の関数とみなして，y について整理すると回帰直線の方程式

$$y = bx + \bar{y} - b\bar{x} \qquad (6\cdot 7)$$

が得られる．この式の，第1項が x による変動，第2項，第3項が誤差変動である．r の検定には付録B，表B・1を用いる．

本書で取上げた他の検定では，ある集団の平均値を求め，それからのばらつきを計算して検討の対象としている．ところが，相関係数だけは別で，r は回帰直線からのばらつきの度合いを示している．r の計算だけでは，各データ点が回帰直線に

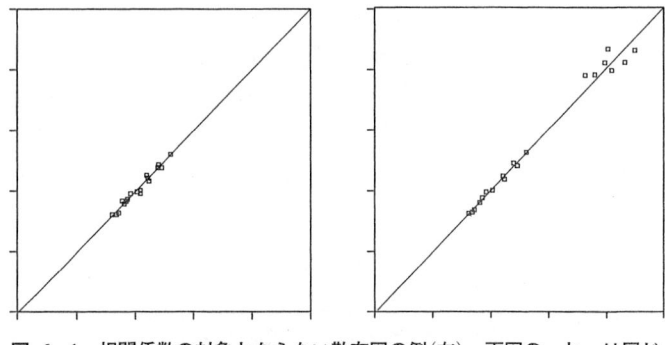

図 6・1　相関係数の対象とならない散布図の例(右)．両図の r と n は同じ

6・2 相関係数の検定（回帰分析）

ある程度近ければ相関があることになってしまう．ここに，相関係数の検定における他にない危うさがある．

そこで，相関係数の検定では，まず散布図を書いた方が無難である．この検定で相関係数が計算できるのは，x, yがともに正規分布をするときのみである．連続した値をとる場合でも，正規分布でない場合はいくらも考えられる．たとえば，図6・1の右図では，集団が二つに分かれている．単に計算するだけでは，有意な相関が認められるかもしれないが，この場合は相関があると判定するわけにはいかない．二つの性質の異なるグループがあるとみるべきである．このような誤りを起こさないためにも，散布図を書くことが大切である．

また，正規性を満足していても相関を取るべきでない場合もある．たとえば，難関大学の入試時の成績と卒業時の成績の相関を考えてみよう．このような学生の入試の際の成績は，一般の学生全体からみると成績上部のきわめて狭い範囲に集中しており，ほとんど違いがないとみるべきであろう．もともと違いに意味のないデータと，別の要因で意味のある違いが出てきたものを比べるのであるから，相関を取ること自体が間違いである．

この計算は回帰直線から各点までの距離の二乗の緩和が最小になるような直線を求めている．したがって，点の数が十分多ければ散布図で回帰直線の両側に並ぶ点の数はほぼ等しくなるはずである．このように，散布図を描くことにより回帰直線が正しいかどうかをある程度判定できる．回帰直線の両側のデータ点数がほぼ同数であれば，回帰直線は正しく引かれていると推測できる．しかしながら，両側の点の個数があまりにも違う場合（図6・2）は，回帰直線か点の描画が誤っていることが考えられる．

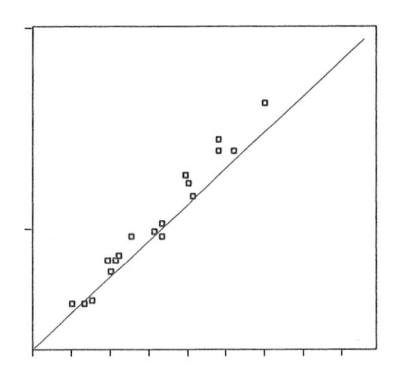

図6・2 回帰直線が誤っている散布図
（回帰直線より上側の点が多すぎる）

相関係数の検定は，$r = S_{xy} \div \sqrt{S_x S_y} = 0$ の集団と差があるか否かをみているのであり，単に r のみから相関の強弱を論じることはできない．たとえば，条件 A での相関係数が $r = 0.4$ で，一方条件 B の相関係数が $r = 0.5$ であったとしよう．もちろん，対象も標本数 n も異なる．このとき，B の相関係数の方が大きいことから，B の方が相関が大きいということはできない．さらに，別の検定方法を用いて相関の強弱を比較することが必要である．詳細については付録 A **5** を参照．

数学的には $|r| \leqq 1$ であることがわかっている．r が 1 を超えた場合は，何らかの計算ミスがあるはずである．r が負の値をとる場合もある．r が負の場合は y と x は負の相関関係をもち，x が増えるに従って y は減少する．

r^2 は**寄与率**とよばれる．つまり，$r = 0.9$ なら寄与率 $r^2 = 0.81$ となり，全体のばらつきのうち 81％ が X と Y の相関関係によるものであると推測できる．もちろん，寄与率の信頼区間も計算できる．

相関係数が大きいからといって因果関係があるとは限らない．相関係数は本来二つの変量の独立性を知るための手段である．実際の因果関係は，実験対象を理解している者がよく吟味して判定しなければならない．

n が 10 以下の小さい場合，逆のことに注意が必要である．すなわち，r が小さいからといって相関関係がないとは限らないのである．

以上のように相関係数の検定は使い方を誤ると正しい結論を得られない．必ず，検討対象の数値の意味を理解し，散布図を描き正規性を確認するとともに，標本数を大きく取ることが肝要である．

──────────────────────────────

例題 6・1 つぎの値から，X,Y 各グループごとに，和，二乗の和，平均値，標準偏差，標準誤差を計算し，さらに相関係数の検定を行え．

   X： 90.0, 88.5, 86.9, 87.0, 88.5, 90.2, 91.3, 91.8
   Y： 7.2, 8.3, 9.6, 9.4, 8.3, 7.3, 6.7, 6.1

[解] $n = 8$

X：和 = 714.2，二乗の和 = 63784.08，平均値 = 714.2/8 = 89.275

$S_x = 63784.08 - (714.2)^2 \div 8 = 23.875$

標準偏差 $SD_x = \sqrt{\dfrac{S_x}{7}} = 1.8468$， 標準誤差 $SE_x = \dfrac{SD_x}{\sqrt{8}} = 0.65294$

Y：和 = 62.9，二乗の和 = 505.53，平均値 = 62.9/8 = 7.8625

$S_y = 505.53 - (62.9)^2 \div 8 = 10.979$

標準偏差 $\mathrm{SD}_y = \sqrt{\dfrac{S_y}{7}} = 1.2524$, 標準誤差 $\mathrm{SD}_{\bar{y}} = \dfrac{\mathrm{SD}_y}{\sqrt{8}} = 0.44279$

XY： X×Yの和＝5599.3, $S_{xy} = 5599.3 - (714.2 \times 62.9) \div 8 = -16.108$

$r = -16.108 \div \sqrt{23.875 \times 10.979} = -0.99492$

$b = -16.108 \div 23.875 = -0.67468$

$y = -0.67468X + 7.8625 - (-0.67468 \times 89.275) = -0.67468X + 68.094$

［結 論］　自由度 $\phi = 8 - 2 = 6$, $r(6, 0.01) = 0.8343$ であり，有意な相関が認められる．ここで $r(6, 0.01)$ は，r の表の自由度6，危険率1％の値を示している．なお，r の表は $|r|$ について計算されている．付録B，表B・1は縦軸に自由度，横軸に危険率が表されており，自由度6は上から6行目，危険率1％は左から4列目であり，その交差するカラムの値，0.8343が求める r である．

ここでは，手計算で確認する読者のために5桁まで表示した．検定では最終的にある値を算出して，それと対応する分布表の値との比較を行うことが目的であり，表の値の有効桁数は4桁程度である．したがって，最終的に必要な桁数は4桁程度である．検定が必要になるような実験条件の場合は，測定誤差や計算誤差よりも，"制御できない環境条件による誤差"が著しく大きいことが多い．そこで，検定の場合は生データの有効桁数よりも2桁程度多めにとって計算すれば十分である．実際には，検定で使う電卓やパソコンの内部演算は10桁以上で行われているが，計算の各段階で有効桁数を考えて処理をしているわけではない．電卓やパソコンを使う検定の場合は十分な桁数で演算が行われているので，計算の各段階での有効桁数を厳密に考慮する必要はない．ただし，簡単に計算できる平均値や標準偏差などは有効桁数を考慮して表示すべきである（詳しくは1章参照）．

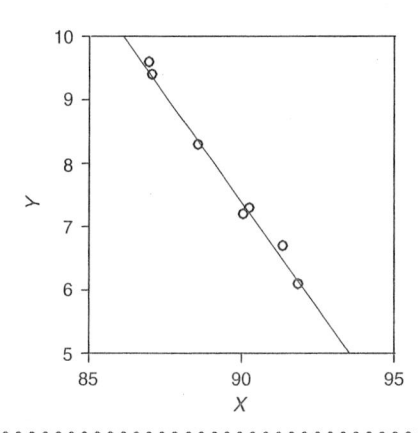

図 6・3　例題6・1の計算から得られる散布図と回帰直線

● 相関＝因果関係とは限らない

相関係数が有意だとしても，必ずしも因果関係を意味しない．必要原因がいくら集まっても十分原因とはならないことに留意すべきである．実験系の因果関係を熟知していないと，この種の誤りを犯すことになる．

たとえば，ある男の子がクモの耳は足にあるという仮説を立てたとしよう．彼は，それを証明するためにクモの足を全部取除いたとする．この場合，音をたてて脅かしても，クモは動かない．音が聞こえないからである，と彼は結論する．この場合証明方法が誤っているのは明らかである．しかし，クモが動かないこともまた事実である．最終的な証明が正しくても，仮説や実験方法が誤っていると結論を誤るのである．相関関係を本当に証明しようと思えば，❶Aが変わるとBも変わる（共変関係），❷Aが変わったあとでBが変わる（時間的順序関係），❸Aが変わりさえすればBも変わる（十分条件），を確認しなければならない．

● 危険率はなぜ1％と5％なのか

検定で表を使う場合は，コンピューターを使って計算さえすれば，いかなる危険率の表でも作成できる．逆に検定結果，たとえば次節で述べるt値をもとに正確な危険率を直接計算することも可能である．たとえば$t = 2.744$, $\phi = 13$の危険率は$p = 0.0167$である．しかし，実際には$p < 0.05$（危険率5％以下）と表現して，正確な危険率が1％と5％の間にあることを示すことが多い．

コンピューターが手元にない一昔前には，この種の計算は容易なことではなかった．そこで，1％，5％，10％の危険率での数値表を準備して，それと比較して有意であるか否かを判定した．この手法が現在でもひき継がれているために，"危険率5％で有意である"と表現する．また，有意差がありとするのは5％以下に限られる．10％以下ではせいぜい"その傾向が認められる"程度の記述で終わらせなければならない．この境界値は，たとえば5.1％でもよさそうであるが，科学の世界での合意として5％を採用している．この境界値を大きくとると，第一種過誤をおかす可能性が高くなる．

6・3 平均値の差の検定（t検定）

t検定(student's t-test)は最もよく使われる検定の一つである．二つのグループの平均値が異なるか否かを検討する．帰無仮説は"**二つの平均値に差がない**"である．

6・3 平均値の差の検定（t検定）

使用する変数は Σx_i, Σx_i^2, n_x Σy_i, Σy_i^2, n_y である．x と y でデータの個数が異なっていてもかまわない．まず x と y の分散を求める．

$$S_x = \sum x_i^2 - \frac{\left(\sum x_i\right)^2}{n_x}, \qquad S_y = \sum y_i^2 - \frac{\left(\sum y_i\right)^2}{n_y} \qquad (6\cdot8)$$

平均値の差の検定は，対象が正規分布であることだけではなく，両方の分散に違いがないこと（等分散）を仮定しているので，分散の検定が必要である．分散の検定には F 分布を用いているので，**F 検定**ともよばれる．F 分布の形は，図 5・4 に示したが，同じ集団から抜き出した二つのグループの平方和の比が，この分布になる．この分散の検定が現実との継ぎ目にあたるので，決して省くべきではない．S から不偏分散を算出して，その比から F_0 の値を求める．

$$\phi_x = n_x - 1, \qquad \phi_y = n_y - 1 \qquad (6\cdot9)$$

$$V_x = \frac{S_x}{\phi_x}, \qquad V_y = \frac{S_y}{\phi_y}, \qquad F_0 = \frac{V_y}{V_x} \qquad (6\cdot10)$$

F 検定は付録 B，表 B・6 を用いる．この際，ϕ_x は縦軸，ϕ_y は横軸に対応する．二つの ϕ が交わったカラムの値が F_0 よりも小さければ有意差があることになる．

t 値は両グループを合わせた分散 V を使って以下のように定義される．

$$V = \frac{S_x + S_y}{n_x + n_y - 2} \qquad (6\cdot11)$$

$$t = \frac{\bar{y} - \bar{x}}{\sqrt{V\left(\dfrac{1}{n_x} + \dfrac{1}{n_y}\right)}} \qquad (6\cdot12)$$

$$\phi = n_x + n_y - 2 \qquad (6\cdot13)$$

(6・12) 式は両グループの平均値の差をデータ数で標準化した標準偏差で割っているわけである．ここで得られた t は t 分布をすることが知られている．そこで，t 値の検定には付録 B，表 B・2 の t 分布表を用いる．

t 検定は標本間変動すなわち平均値の差が大きく，標本内の差が一定しているとき有用である．平均値 ±SE を表した図は，これを確かめるためにも良い手段である．

等分散でない場合は Welch の方法を用いるが，分散に違いがあるときは実際上比較に意味の無いことが多い．ノンパラメトリックな手法を採用すべきである．

t 分布（図 5・4）はその両側に分布からはずれる部分（危険率を示す ▓ の部分）をもつ．付録 B，表 B・2 はこの両側の ▓ の部分和を計算した結果なので両側確率の表とよぶ．この表を利用した検定を両側検定という．一方 t 分布の半分だ

けを計算した表もあり,片側確率の表とよばれ,それによる検定を片側検定という.
t検定の解説書には片側確率のt分布表を掲載しているものもあるが,はっきりした技術的裏付けがない限り,両側確率の表を用いることが原則である.

● 片側検定か両側検定か?

たとえばt分布の表では片側検定の表の値は両側検定の場合よりも少し小さくなっており,片側検定を採用した方が有意差は出やすくなる.しかし,明らかに片側にしか変動しない場合を除いて,両側検定を採用することが原則である.たとえばある厚さAの板を削ったあとの厚さの測定を考える.削ったあとにAより厚くなることはない.あるいは,体内に存在しない物質を飲用した際の尿中のその物質の量を考える.この物質の量は必ずゼロ以上である.このような場合にのみ片側検定を適用できる.これは,他の検定手法でも同じである.

どちらの検定を採用すべきかは実験の内容に関連して決定されるものであり,実験を始める前に決めておくべきである.

・・

例題 6・2 つぎの値のX, Yグループについて,t検定による平均値の差の検定を行え.

X: 18.3, 18.1, 18.3, 18.8, 18.5, 19.1, 18.1, 18.2
Y: 18.5, 19.6, 18.9, 18.6, 19.4, 19.1, 18.7

[解]

X: $n_x = 8$,和 $= 147.4$,二乗の和 $= 2716.74$,平均値 $= 147.4/8 = 18.425$
$S_x = 2716.74 - (147.4)^2 \div 8 = 0.895$,$V_x = S_x \div 7 = 0.1279$
標準偏差 $SD_x = \sqrt{V_x} = 0.3576$,標準誤差 $SE_x = SD_x \div \sqrt{8} = 0.126$

Y: $n_y = 7$,和 $= 132.8$,二乗の和 $= 2520.44$,平均値 $= 132.8/7 = 18.971$
$S_y = 2520.44 - (132.8)^2 \div 7 = 1.034$,$V_y = S_y \div 6 = 0.1724$
標準偏差 $SD_y = \sqrt{V_y} = 0.4152$,標準誤差 $SE_x = SD_x \div \sqrt{7} = 0.1569$

$F_0 = V_y \div V_x = 1.3479$

このとき $\phi_x = n_x - 1 = 7$,$\phi_y = n_y - 1 = 6$ で,ϕ_x は付録B,表B・6の縦軸に ϕ_y は横軸に相当する.$F(6, 7, 5\%) = 3.87$ で有意差は認められない.

自由度 $\phi = n_x + n_y - 2 = 13$
$V = (S_x + S_y) \div \phi = (0.895 + 1.034) \div 13 = 0.1484$

$$t = \frac{18.971 + 18.425}{\sqrt{0.1478 \times (\frac{1}{8} + \frac{1}{7})}} = 2.744$$

[結論] t分布の付録B, 表B・2から自由度 $\phi = 13$ の危険率5%(0.05)と1%(0.01)の数値は $t(13, 5\%) = 2.16$, $t(13, 1\%) = 3.01$ であり5%以下の危険率で有意差が認められる.

・・・

X, Yが対応した値をもつ場合, 別の検定方法がある. これは"対応のある場合のt検定"とよばれる. サンプル数を n とすると, 自由度 $\phi = n-1$ で $d_i = x_i - y_i$ とおいて, 対応するデータの差と, 差の二乗を使って, つぎのように差の平均値 $\bar{D}$ や差の分散 V_D を求める.

たとえば, X, Yが同じ標本から得られた別の時間の値である場合, 同じ標本からのそれぞれの値は対応している.

$$\bar{D} = \frac{\sum_{i=1}^{n} d_i}{n} \tag{6・14}$$

$$S_D = \sum_{i=1}^{n} d_i^2 - \frac{\left(\sum_{i=1}^{n} d_i\right)^2}{n} \tag{6・15}$$

$$V_D = \frac{S_D}{n-1} = (差の S_D)^2 \tag{6・16}$$

t値は以下のように定義される.

$$t_D = \frac{\bar{D}}{\sqrt{\frac{V_D}{n}}} \tag{6・17}$$

・・・

例題 6・3 つぎの値のXYグループについて, 対応のある場合のt検定による平均値の差の検定を行え.

X: 18.5, 19.6, 18.9, 18.6, 19.4, 19.1, 18.7
Y: 18.3, 18.1, 18.3, 18.8, 18.5, 19.1, 18.1

[解] $n = 7$, 差は以下のようになる.

D: 0.2, 1.5, 0.6, −0.2, 0.9, 0, 0.6
$\bar{D} = 0.514$, $S_D = 3.86 - 3.6 \times 3.6/7 = 2.009$, $V_D = 0.335$, $t_D = 2.35$

[結論] t分布の表(表B・2)から $t(6, 0.05) = 2.45$ であり, 有意差は認められない.

・・・

6・4 χ^2 検定

2×2 の分割表の検定である．χ^2 **検定**（chi-square test）では帰無仮説は"**各項目の比率は同じである**"である．a, b, c, d をもとのデータとすると，次表の 5 種類の T はつぎのように計算する．

a	c	T_a
b	d	T_b
T_1	T_2	T

$$T_a = a + c, \qquad T_b = b + d$$
$$T_1 = a + b, \qquad T_2 = c + d$$

これらの値から χ^2 は次式のように計算される．

$$\chi^2 = \frac{\left(|ad - bc| - \dfrac{T}{2}\right)^2 \times T}{T_1 \times T_2 \times T_a \times T_b}$$

χ^2 の検定には付録 B，表 B・3 を用いる．ここで $-\dfrac{T}{2}$ は **Yates の補正項**といわれ，a, b, c, d のなかに 5 以下の数字があるとき用いられる．2×2 の場合の特別な処置である．

例題 6・4 あるアンケート調査で，対象を A，B 2 群に分け，アルコール飲料を毎日飲むか否かをたずね，以下の解答を得た．両群間の有意差の検定を行え．

	A	B
飲 む	22	19
飲まない	4	33

［解］　$\chi^2 = (|22\times 33 - 4\times 19| - 78/2)^2 \times 78 \div (26\times 52\times 41\times 37) = 14.20$

自由度は $(2-1)\times(2-1) = 1$

［結論］　χ^2 の付録 B，表 B・3 より自由度 1，右から 2 列目の危険率 1％（0.01）をみると，$\chi^2(1, 0.01) = 6.63$ であるから，計算値は χ^2 の表の値よりも大きく有意差が認められる．

χ^2 検定では，実際の出現数と期待数の差をとり，この差がある範囲内なら偶然であると考える．

k 行 $\times p$ 列の分割表の場合, $T = \sum_{i=1}^{k}\sum_{j=1}^{p} x_{ij}$ とすると,

$$m_{ij} = \frac{\sum_{l=1}^{p} x_{il} \cdot \sum_{l=1}^{k} x_{lj}}{T} \qquad (6\cdot 18)$$

は i 行 j 列の**期待数**である. 期待数でこの差の二乗を割った値

$$g_{ij} = \frac{(x_{ij} - m_{ij})^2}{m_{ij}} \qquad (6\cdot 19)$$

の合計は近似的に χ^2 分布をする. 2×2 の場合は付録A **5** に示した理由から上記のように式を簡略化できるが, 一般に $k \times p$ 分割表の場合は g_{ij} を丹念に計算し $\chi^2 = \sum_{i=1}^{k}\sum_{j=1}^{p} g_{ij}$ として χ^2 を算出し検定する. この時, χ^2 の自由度は $(k-1)\times(p-1)$ である.

・・・

例題 6・5 あるラットのグループA, Bにある薬品を3種類の投与量で投与したところ刺激回避数は以下のようになった. 投与量かグループにより差があるだろうか.

薬品量	1 mg	5 mg	10 mg
グループA	30	43	52
グループB	46	49	59

[解] まずそれぞれの行と列の合計を算出する.

薬品量	1 mg	5 mg	10 mg	合計
グループA	30	43	52	125
グループB	46	49	59	154
合 計	76	92	111	279

つぎにそれぞれの枠内の期待値を計算する. たとえば, グループA, 1 mg の期待値は $m_{11} = 125 \times 76 \div 279 = 34.05$

薬品量	1 mg	5 mg	10 mg
グループA	34.05	41.22	49.73
グループB	41.95	50.78	61.27

さらに g_{ij} を計算する．たとえばグループ A, 1 mg の $g_{11}=(30-34.05)^2\div 34.05=0.48$

薬品量	1 mg	5 mg	10 mg
グループ A	0.48	0.08	0.10
グループ B	0.39	0.06	0.08

すべてを加えて $\chi^2=1.20$　自由度 $\phi=(2-1)\times(3-1)=2$

[結論]　χ^2 分布の表（表 B・3）より $\chi^2(2,0.05)=5.99$ であるから有意差は認められない．

6・5　U 検 定

U 検定（Mann-Whitney U-test）は対象の 2 グループのデータが，順序をつけることができる順序尺度で，しかも分布が大きく異ならない場合採用できる方法である．すなわち，ノンパラメトリックな系での 2 グループの差の検定手法の一つである．元のデータを混ぜて順位をつけ，両グループでその順位に差があるかどうかを検討する．帰無仮説は"**両グループ間に差がない**"である．

二つの標本グループ x, y のデータの個数をそれぞれ n_x, n_y とする．つぎに二つの標本をまぜて測定値の大きさの順に並べ変えて順位を与える．順位は 1 番から (n_x+n_y) 番までになる．変数 T や U を以下のように算出する．

$T_x=$ 標本 x の順位の和，　　　$T_y=$ 標本 y の順位の和

$$U_x = n_x n_y + \frac{n_x(n_x+1)}{2} - T_x, \quad U_y = n_x n_y + \frac{n_y(n_y+1)}{2} - T_y \quad (6\cdot 20)$$

$$U_x + U_y = n_x \times n_y \quad (確認のため計算，必ずこうなる) \quad (6\cdot 21)$$

U 検定には付録 B，表 B・4（n_x または n_y がともに 8 以下のとき）あるいは表 B・5（n_x と n_y がともに 20 までのとき）を利用する．

ただし，n_x および n_y が 20 以上のときは正規分布が利用できる．そこで，

$$\mathrm{CR} = \frac{(U-\bar{U})}{\sqrt{V(U)}} \quad (6\cdot 22)$$

$$\bar{U} = \frac{n_x n_y}{2} \quad (6\cdot 23)$$

6・5 U 検 定

$$V(U) = \frac{n_x n_y (n_x + n_y + 1)}{12} \qquad (6・24)$$

として，表 B・7 を用いる．

(6・20) 式では，U_x は x の平均からのずれの和，U_y は y の平均からのずれの和を表している．これは，n が小さい場合で，算出を簡略化している．

例題 6・6 つぎの値の X,Y グループについて，U 検定による平均値の差の検定を行え．

X： 2, 4, 5, 10, 16
Y： 12, 20, 22, 25, 30, 30

[解] 値： 2, 4, 5, 10, 12, 16, 20, 22, 25, 30, 30
順位： 1, 2, 3, 4, <u>5</u>, 6, <u>7</u>, <u>8</u>, <u>9</u>, <u>10.5</u>, <u>10.5</u>
下線は Y グループを示す．

値 30 は 2 個あるので，順位は 10 位と 11 位の平均 10.5 とする．
$(10 + 11) \div 2 = 10.5$
$n_x = 5$, $T_x = 1+2+3+4+6 = 16$, $U_x = 5 \times 6 + (5(5+1) \div 2) - 16 = 29$
$n_y = 6$, $T_y = 5+7+8+9+10.5+10.5 = 50$, $U_y = 5 \times 6 + (6(6+1) \div 2) - 50 = 1$
$U_x + U_y = 29 + 1 = n_x \times n_y = 5 \times 6 = 30$

[結論] U_x, U_y の小さいほうを U として，表 B・4 より $n_x = 5$，$n_y = 6$ のときの $U = 1$ の $p = 0.004$ だから，これを 2 倍する．これは両側検定にするためである．$p = 0.008$ は 1 % よりも小さいので，危険率 1 % 以下で有意差が認められる．

$n > 20$ の場合の算出式をみると，その意味がよくわかる．CR の分布表を用いて，平均値の差の検定と同様の処理をしている．平均値に相当するのが $\overline{U}$，偏差平方和が $V(U)$，平均からのずれの総和を標準偏差で割ったものが CR である．算出の過程からわかるように，順位を付ける段階で生データのもつ分散などの情報はある程度失われる．したがって，パラメトリックな系の t 検定よりも有意差は出にくくなることが推測される．ノンパラメトリックな手法は他にも多数あるので，用途に合わせて選択することになる．

6・6 χ^2 分布を利用した適合度の検定

　生データの分布をみると，正常な誤差の範囲内にあるか否か疑わしい場合がある．適合度の検定は，得られたデータの平均値を全体の平均である期待値として，各データのばらつきが偶然の範囲にあるかどうかを確かめる方法である．分布が期待値に適合しているかどうかの検定なので適合度の検定とよばれる．正規分布をしているかどうかの判定にも使える．x_i を得られたデータとすると，

$$\text{平均値} \qquad \bar{m} = \frac{\sum x_i}{n} \qquad (6・25)$$

$$\text{カイ二乗} \qquad \chi^2 = \frac{\sum (x_i - \bar{m})^2}{\bar{m}} \qquad (6・26)$$

$$\text{自由度} \qquad \phi = n - 1 \qquad (6・27)$$

である．ここでの平均値は疑いがあるので $\bar{x}$ ではなく $\bar{m}$ と表して区別した．この検定では，データ間に差があり適合していないデータがあることはわかるが，どれが適合していないデータであるかまではわからない．したがって，特定のデータを捨てるための（棄却）検定としては使えない．特定データの棄却検定には次節の方法を使う．

　$n > 3$ でないと χ^2 分布への近似が困難なので，十分なデータ数があることが望ましい．

　χ^2 分布は図5・4に示すように，片側分布であるが実際には両側検定を行っている．詳しくは例題6・7を参照.

例題6・7　8匹のラットについて脳内のある金属の量を測定したところ以下のようになった．ラットにより差があるといえるか．

$$17,\ 21,\ 28,\ 14,\ 10,\ 25,\ 32,\ 23$$

［解］　$\bar{m} = 21.25$

$$\sum_i (x_i - \bar{m})^2 = 18.06 + 0.06 + 45.56 + 52.56 + 126.56 + 14.06 + 115.56 + 3.06$$
$$= 375.50$$
$$\chi^2 = 17.67$$

［結論］　$\chi^2 = 17.67$，$\chi^2(7, 1\%) = 18.5$，$\chi^2(7, 5\%) = 14.1$ より，危険率5％で有意，すなわち，ラットにより差がある．

6・7 t分布を利用した増山の棄却検定

得られたデータのうちの，ある特定の値が不良標本であるか否かを統計学的に検討するための方法である．実験条件の予想外の変化で，一つだけ特異な値を示す場合がある．また，データ数が少ない場合，正規分布している母集団から抜き出されたにしても，分布の端の値を抽出している可能性がある．このような場合に棄却検定は有効である．得られたデータのうち x_0 を棄却の対象とし，x_i を棄却対象以外のものとすると，和 Σx_i，平方和 Σx_i^2，データ数 n，平均値 $\bar{x}$，$V = \dfrac{S}{\phi}$，t 値はつぎのように計算される．ただし，t_0 は標本グループ x_i には含まない．

$$t_0 = \frac{|x_0 - \bar{x}|}{\sqrt{\dfrac{V(n+1)}{n}}} \qquad (6・28)$$

この検定は不用意に使うべきではない．実験を熟知している者が，どう考えても異常であると考えた場合にだけ用いることができる．つまり，何らかの理由で不良標本であることがあらかじめ考えられる場合にのみ用いるべきである．

研究によっては，特異なデータがつぎの展開への突破口となる場合もあり得る．いつもと違う結果については，統計学だけではなく多方面からの検討が必要である．

例題 6・8 以下のデータの 4 番目の数値は，不良標本といえるか．

$$\{25,\ 23,\ 19,\ 30,\ 10,\ 20,\ 15,\ 8\}$$

[解] $n = 7$, $\Sigma x = 120$, $\Sigma x^2 = 2304$, $V = 41.14$, $\bar{x} = 17.14$

$$t_0 = \frac{|30 - 17.14|}{\sqrt{41.14 \left(\frac{8}{7}\right)}} = 1.88$$

[結論] t 分布表（表 B・2）より $t(6, 5\%) = 2.45$ であり有意差はない．したがって，棄却できない．

6・8 分散分析

t 検定は 2 群の平均値の差を検定できるが，群の数が 3 以上になると別の手法，分散分析を使わなければならない．分散分析は，1 次元の n 個の要因の場合だけでなく，2 次元，3 次元の交差する要因の分析を行うこともできる．ここでは繰返しのある一元配置の分散分析で，3 条件の場合を考える．変数を $_1x$, $_2x$, $_3x$ として，それぞれの総和と二乗の総和を算出する．

$T_1 = \Sigma_1 x_i$, n_1, $D_1 = \Sigma_1 x_i^2$,　　$T_2 = \Sigma_2 x_i$, n_2, $D_2 = \Sigma_2 x_i^2$

$T_3 = \Sigma_3 x_i$, n_3, $D_3 = \Sigma_3 x_i^2$,　　$N = n_1 + n_2 + n_3$,　　群の数 $m = 3$

分散分析に必要な変数は以下の式で計算する．

　　修正項　$CT = \dfrac{(T_1 + T_2 + T_3)^2}{N}$　　　　　　　　　　　　　　　(6・29)

　　総変動　$S_T = \sum D_i - CT$　　　　　　　　　　　　　　　　　(6・30)

　　群間変動　$S_A = \sum \dfrac{T_i^2}{n_i} - CT$，　群内変動　$S_E = S_T - S_A$　(6・31)

　　$\phi_A = m - 1 = 2$　　$\phi_E = N - m = N - 3$　　　　　　　(6・32)

　　$V_A = \dfrac{S_A}{\phi_A}$,　　$V_E = \dfrac{S_E}{\phi_E}$　　　　　　　　　　　　　(6・33)

　　これより F 値は　　$F = \dfrac{V_A}{V_E}$　　　　　　　　　　　　　　(6・34)

群の間のばらつき（群間変動）が，群の中のばらつき（群内変動）よりもかなり大きくなれば，偶然の変異とはみなせなくなり，異なる集団であると判定できる．そこで，この二つのばらつきの比 F を計算する．分散分析の結果はつぎのような分散分析表をつくるとわかりやすい．

要因	S	自由度	V	F 値
群間変動	S_A	$\phi_A =$ 群の数 -1	V_A	F
群内変動	S_E	$\phi_E = \sum n_i -$ 群の数	V_E	
計	S_T			

分散分析では，ばらつきの要因（変動要因）をつぎのように分解して考える．上記の計算はこの考え方をもとにしたものである．繰返しがない場合は群内変動や交互作用の項がなくなる．

　繰返しのある一元配置の分散分析の場合

　　　総変動 ＝ 群間変動 ＋ 郡内変動 ＋ 誤差変動

　繰返しのある二元配置の分散分析の場合

　　　総変動 ＝ 行間変動 A ＋ 列間変動 B ＋ 交互作用 $A \times B$ ＋ 誤差変動 E

総変動を表す式　$S_T = \Sigma D_i - CT$ に，CT の定義式を代入してよく観察すると，平方和の定義式(5・5)に類似していることがわかる．ここでも，全体の平均からのずれの二乗を計算しているわけである．χ^2 検定や U 検定でも出てきた考え方である．同様に，群間変動を求める際には群を一つのグループとして，グループごとに平均からのずれの二乗を計算していると考えればわかりやすい．次元が増えても，基本的な考え方は同じである．

6・8 分散分析

例題 6・9 別々の条件で飼育した A, B, C 3 匹のラットから 5 回にわたり血液を採取し,ある酵素を測定して下記の結果を得た.ラットにより値に差があるといえるか.

	1 回目	2 回目	3 回目	4 回目	5 回目
A	1.20	1.18	1.33	1.45	1.30
B	0.90	1.15	1.22	1.05	1.10
C	1.30	1.25	1.17	1.08	1.22

[解] $T_1 = 6.46$, $D_1 = 8.3938$, $\overline{x}_1 = 1.292$
$T_2 = 5.42$, $D_2 = 5.9334$, $\overline{x}_2 = 1.084$
$T_3 = 6.02$, $D_3 = 7.2762$, $\overline{x}_3 = 1.204$
$\Sigma x = T_1 + T_2 + T_3 = 17.9$, $\Sigma x^2 = D_1 + D_2 + D_3 = 21.6034$
$CT = 17.9^2/15 = 21.36$, $S_T = \Sigma x^2 - CT = 21.6034 - 21.36 = 0.2427$
$S_A = (6.46^2 + 5.42^2 + 6.02^2)/5 - CT = 21.4697 - 21.36 = 0.1097$
$S_E = S_T - S_A = 0.2427 - 0.1097 = 0.1330$

群間変動の自由度は $\phi = 3-1 = 2$.一方,群内変動の自由度は $\phi = 3 \times 5 - 3 = 12$.これらの計算結果を分散分析表にまとめると,

要因	S	自由度	V	F 値
群間変動	0.1097	2	0.05485	4.95
群内変動	0.1330	12	0.01108	
計	0.2427			

[結論] F 分布の表を使って,$F(2, 12, 0.05) = 3.89$, $F(2, 12, 0.01) = 6.93$ より,算出された F 値は 3.89 よりも大きいので危険率 5% で有意差がある.条件による差がある.

F 値の表には自由度が 2 種類あり,算出の過程を知らないと特定できない.この問題の場合自由度は 2 と 12 である.F 値を計算する際の分子となる変数である群間変動の自由度が別表の ϕ_1,分母となる変数である群内変動の自由度が別表の ϕ_2 に相当する.この問題では $\phi_1 = 2$, $\phi_2 = 12$ である.

分散分析の場合も相関係数と同様,生データの図を描いてみることが大切である.分散分析の結果は上記のような分散分析表に示すことが多い.しかし,論文によっては F 値だけですませる場合もある.

6. 検定方法の実際

多くの教科書では繰返しのある三元配置の分散分析まで解説されている．ここでは，説明を簡単にするため，繰返しのある一元配置の分散分析をとりあげた．

分散分析で判定できるのは，各群間に差があるか否かだけである．群の数が3以上になると，群相互の関係が知りたくなるが，分散分析ではわからない．たとえば群がA, B, Cの三つあって分散分析で群間に有意差が認められたとする．分散分析の結果からいえるのは，この3群は同じではないということだけである．各群の平均値から上下関係の推測はできるが，そのことに意味があるかどうかは証明できない．AとBに違いがあるかどうかはわからないのである．ここで，安易な手段として，すべての組合わせについてt検定をすることはできない．

つぎの段階では，各群間の平均値の差を検定するために**多重比較**(post hoc test)を使うことになる．残念ながら多重比較はこれまでの検定方法よりも複雑であり，ここでは記載しない．詳しくは巻末の参考図書を参照していただきたい．分散分析も多重比較も結構な計算量が要求されるので，コンピューターを利用することを勧める．

● なぜ多重比較が必要か？

たとえば，A, B, C三つの標本集団の平均値の差を求めたい場合，AとB, AとC, BとCの差をt検定で検討すればよさそうなものである．しかし，この場合は，分散分析を行ったあと多重比較を用いて，三つの平均値の差を検討すべきである．なぜ，だろうか．

ロケットの故障率を考えてみよう．ロケットが仮に3個の部品でできており，それぞれの故障率が5％だとする．この場合，ロケットの故障率は5％ではなく，$0.95 \times 0.95 \times 0.95 = 0.86$ より約14％である．個々の部品の故障率が少々小さくとも全体の故障率は部品点数が多くなればなるほど大きくなる．同様に，先の三つの標本集団の平均値の差の例で，AとB, AとC, BとCの差をt検定で検討すれば，それぞれのt検定の危険率は5％となるが，3グループ全体としての検定をしていないので算出された値の危険率は5％を超えてしまうのである．すなわち，実際よりも有意差が出やすくなり，第二種過誤を起こしやすくなる．一方，多重比較は全体を対象として検定するので，このような誤りを犯すことはない．

したがって，3グループ以上の平均値の比較を行う場合は，まず全体としての変動を分散分析で押さえ，それで有意差が認められれば個々の差異は全体の危険率を考慮した多重比較を用いるのである．

7. 統計学あれこれ

7・1 はじめに

ここでは,さまざまな統計学的検定手法を分類し例題とともに紹介する.実験計画を立てる場合に,どの検定を使うべきかをまず判断することは重要であるが,初めて行う実験では難しいこともある.その助けになるように,§7・2を設けた.また,検定を行う際の一般的な注意点を付記した.いずれも,検定を行う前に理解しておくことが望ましい事項である.

7・2 統計学的検定の手法の種類
● 比較的簡単な検定手法

初めて統計学的検定を使う際に,最も困るのは,どの手法を使えばよいかわからない場合である.そのような際に次表が役立つ.この表は,変量の個数(二つ,三つ以上)および比較の方法(相関,比,順序尺度,平均)により分類したものである.

表 7・1 基本統計手法の分類

変 量	手 法
2変数の相関	相関係数の検定,回帰分析
二つの比の差	χ^2検定
二つの平均の差	t検定
二つの順序尺度の差	U検定
三つ以上の比の差	χ^2検定
三つ以上の平均の差	分散分析と多重比較 (post hoc test)

この分類をもとにして,以下に各手法に該当する例を挙げる.

例： 2変数の相関 —— 相関係数の検定 (回帰分析) (§6·2で解説)

パラメーターは正規分布を想定しており，パラメトリックな検定方法である．

例) つぎの2組の数字は身長と体重を示している．相関があるといえるか．

	Aさん	Bさん	Cさん	Dさん	Eさん
身長 (cm)	165	170	176	173	168
体重 (kg)	63	65	70	68	72

例： 二つの比の差 —— χ^2 検定 (§6·4で解説)

χ^2 検定は実験条件の違いで結果が数種類になる場合に使われる．χ^2 分布を使う検定方法はこのほかにもあり，正規分布と同様使い道の多い分布である．

例) ある研究によれば，通常マウス50匹中記憶を測定するAテストをパスしたマウスは34匹，老齢化モデルマウス47匹では25匹であった．老齢化モデルマウスが通常マウスより記憶力が劣るといえるか．

	パス	パスできない
老齢化モデルマウス	25	22
通常マウス	34	16

例： 二つの平均の差 —— t検定 (§6·3で解説)

t検定は二つのグループの平均値の差の検定に用いられる．科学の世界で最も有用な検定の一つである．対象が連続した数で，正規分布を前提にしていることに留意する必要がある．母集団の統計学的特徴すなわち平均値，標準偏差，自由度などを用いて比較するので両グループの人数が同じである必要はない．

例) ある要因で学生をA, B 2グループに分けたところ，その体重は以下のようになった．2要因の間に差があるといえるか．

グループ A	63	65	70	68	72
グループ B	54	48	62	58	

7·2 統計学的検定の手法の種類

例: 二つの順序尺度の比の差 —— U 検定（§6·5 で解説）
ノンパラメトリックな数の場合の二つのグループの代表値の差の検定に用いられる.

例）ある学習実験 A, B で 10 匹のネズミの誤りの回数は以下のようになった. 2 条件の間に差があるといえるか.　A：14, 13, 24, 19,　B：7, 5, 9, 14, 16, 11

グループ A	14	13	24	19		
グループ B	7	5	9	14	16	11

例: 三つ以上の比の差 —— χ^2 検定（§6·4 で解説）
χ^2 分布は対象のカテゴリーが 3 以上でも使える.

例）国立大学の独立行政法人化について 50 名の学生に尋ねたところ，賛成 25 名，反対 12 名，無関心 13 名であった. 三つの回答のカテゴリー間に有意差があるか.

	賛成	反対	無関心
当該数	25	12	13

例: 三つ以上の平均の差 —— 分散分析と多重比較（§6·8 で解説）
t 検定は要因が二つだけだが，分散分析は要因が n 個の 1 次元，$n \times m$ の 2 次元あるいは $n \times m \times l$ の 3 次元で分類される対象の検定ができる.

例）学力の等しい 4 グループの学生 12 名を，一定期間 A, B, C, D の 4 方法で教え学力テストを行ったところ以下のような成績を得た. 4 教授法の間に有意な差があるか.

	A	B	C	D
生徒 1	11	13	21	10
生徒 2	4	9	18	4
生徒 3	6	14	15	19

分散分析で判定できるのは,その項目の変動が全体に影響するか否かだけであり,いずれか二つの条件の差違を証明することはできない.たとえば,投与した薬品の量が 1 mg, 2 mg, 5 mg の場合,分散分析で有意差が証明されても,薬品の量が結果に違いを及ぼすことが証明されたにすぎない.1 mg と 2 mg の間に有意な差があるか否かはわからない.つぎなる検定手法である多重比較が必要となる.ここで t 検定を用いて 2 条件ごとの組の比較(1 mg と 2 mg,1 mg と 5 mg,2 mg と 5 mg の比較)を行ってはならない.全体として有意な差があるか否かを分散分析で検定し,個々のグループ間の差異は多重比較を用いて検定すべきである.

● **さらに複雑な検定手法**

変数の種類が多くなると,もう少し複雑な手法が要求されるようになる.いわゆる**多変量解析**(multivariate analysis)とよばれる手法である.それぞれの手法の,目的とデータの種類により,表 7・2 のように分類される.自分のもつデータの種類や解析の目的を考えて,この表に該当する手法を使うことになる.

実際にはコンピューターにデータを入力して,解析方法を指定すれば結果は出てくるので,解析手法の概念の理解さえできていれば使うことができる.計算方法の細部まで理解する必要はないことが多い.しかしながら,使われる数学的理論と現実との継ぎ目がどこにあるのかは,はっきり認識しておく必要がある.特に,多変量解析では自己の研究の目的をはっきりしておかないと,結果として数値データだけが大量に出てきて,本質をとらえることに失敗する場合がある.

膨大なデータの解析は,未知の化学物質から成る混合物を分析することに似ている.数万種類もある候補の中からいくつかをランダムに選んで,それが含まれているか否かを分析してもうまくいかない.何らかの予備知識を使い,どんな化学物質が含まれているか的をしぼって分析する方が賢明である.データの種類が多いときは,きちんと分析の方針を立てて,それに従って解析方法と分析の手順を決定すべきである.むやみに多変量解析を適用しても,データの構造は見えてこないことが多い.

また,多変量解析の結果には,多くの数値が含まれる.しかし,単なる数値ではそれがどの程度信頼できるのかはわからない.たとえば,ある変数 A が別の変数 B へどれだけ影響を及ぼしているかを表す値である寄与率が 70 %(最大は 100 %)であるとする.しかし,これだけいわれても,その意味するところは不明である.

ここで,この変数Aの95％信頼区間が±7.8％の範囲内にあるといわれれば,ほぼまちがいなく77.8〜62.2％の間に真の寄与率があることがわかる．ここで初めて寄与率の信頼の度合いがわかるわけである．あるいは,変数Bの寄与率が10％であり,AとBの間には5％以下の危険率で有意差があるといわれれば,AとBの寄与の違いの信頼性が推測できる．以上のように,何らかの形で数値の信頼性が表示されていない限り,解析の結果を用いて他人を説得することは難しい．

表7・2 多変量解析の分類

目　的	量的データ	両方のデータを含む	質的データ
予測式（関係式）を発見し量の推定をする	重回帰分析 正準相関分析	数量化分析Ⅰ類	
データを分類し,質を推定する	判別分析	数量化分析Ⅱ類	分割表の分析 クラスター分析
データを統合整理するため変量の分類や代表量を選定する	主成分分析 因子分析	数量化分析Ⅲ類,Ⅳ類	潜在構造分析
分類されたデータの違いを検定する	分散分析		

7・3 パーソナルコンピューターによる統計処理

本章で紹介したような比較的簡単な計算は,表計算ソフト,たとえばExcelを使って自分で計算することも可能である．平均値や分散など,いくつかの簡単な統計計算は関数として用意されている．また,これまで市販されてきた代表的なソフトを思いつくままあげていくと,以下のように結構な数になる．ここでは解説しないが,論文にするためには得られた結果を図にするソフトも必要になる．以下のような作図ソフトに精通しておくことも重要である．

　　統計計算ソフト：InStat, StatView, R（フリーソフト）, SPSS, エクセル統計
　　表計算作図ソフト：Excel, CricketGraph, DeltaGraph

パーソナルコンピューターのソフトを使って検定をする場合には以下のことに留意する必要がある．

❶ 使いたい検定では何を算出すればよいか．それはそのソフトに含まれているか．
❷ 計算自体に誤りはないか．
❸ データを入力するにはどうすればよいか．

7. 統計学あれこれ

数学的な取扱いに関しては❶が，現実的具体的な課題として❷, ❸が重要である．

❶の要求は，本章で説明したようなプロセスを実現しているかどうかである．たとえば，平均値の差の検定で分散の違いが含まれているかどうかは重要である．相関係数の検定では，散布図を作成できるかどうかが重要である．このような機能が，そのソフトに含まれているか否かを購入する前に調べておくべきであろう．なければ自前で作るか，別のソフトを購入するなどして補充しなければならない．

❷の要求は，例題とその解答が記載されているこの本のデータを実際に入力して確認すればよい．内部演算桁数の違いなどのため，正確には数値があわない場合も考えられるが，それは推測しなければならない．少なくとも，四捨五入して上位2桁ぐらいまでは一致するはずである．あまり，大きくずれている場合は入力ミスなどの原因が考えられる．しかし，そのようなミスがなくて大きくずれる場合は，ソフトの誤りが考えられる．他のソフトを採用すべきである．

❸は切実である．人ならぬコンピューターが計算する以上，コンピューターが期待している通りにデータを並べなければならない．多くのソフトは，その記述の大部分をヒューマン・インターフェイスに費やしている．それほど，人とコンピューターのコミュニケーションは重要かつ難問である．たとえば，StatViewで平均値の差の検定（t検定）をする場合を例題6・2で考えてみよう．数値の数はグループごとに8個と7個である．これを1行に1グループすなわちグループごと

コンパクト	イクスパンド	条件：	
		列1	列2
▶	タイプ：	実数	実数
▶	ソース：	ユーザ...	ユーザ...
▶	クラス：	連続変...	連続変...
▶	表示形式：	固定小...	固定小...
▶	小数点位置：	1	1
	1	18.3	18.5
	2	18.1	19.6
	3	18.3	18.9
	4	18.8	18.6
	5	18.5	19.4
	6	19.1	19.1
	7	18.1	18.7
	8	18.2	

図7・1 StatViewでt検定をするためのデータの並べ方（各グループごとのデータは縦に並べなければならない．例題6・2参照）

に横に並べたのでは，計算してくれない．各グループは縦に1列に，左から順番に並べておく必要がある．これができれば，つぎにメニューからt検定を選べば検定を実行してくれる．

それでは，分散分析の際も各枠ごとに列に並べておけばよいのだろうか．一元配置の分散分析で条件すなわち枠の数が3個あれば条件ごとに3列に並べればよいのか．StatViewの場合，答えはノーである．まず，第1列目に属性を示す名前を入力する．グループAならAとしておく．その横の列にグループAのデータを入れていくのである．一方，Instatでは条件ごとに3列に並べればよい．

データの入力方法，検定方法の選択などは，ソフトごとに異なると考えた方が無難である．最初はひとまずExcelなどに適当な配置で入力しておき，そこからコピーアンドペーストでデータを入力する方がよい．Excelは行と列の入れ替えの機能もあり，データの配列の変換に関してはきわめて柔軟性の高いシステムである．もちろん，慣れればこのような処理は不要である．最初から，決められた順序で入力すればよい．

また，統計手法には多くの種類があり，同じ分析をする場合でも結果が異なることがある．検定方法が違えば，結果が異なるのも当然である．その違いを，コン

	列1	列2
タイプ：	文字列	実数
ソース：	ユーザー…	ユーザー…
クラス：	連続変数N	連続変…
1	A	1.2000
2	A	1.1800
3	A	1.3300
4	A	1.4500
5	A	1.3000
6	B	0.9000
7	B	1.1500
8	B	1.2200
9	B	1.0500
10	B	1.1000
11	C	1.3000
12	C	1.2500
13	C	1.1700
14	C	1.0800
15	C	1.2200

図7・2 StatViewで分散分析をするためのデータの並べ方（1列目にデータのグループ名を入れる．例題6・9参照）

ピューターの計算ミスと誤認しないように配慮が必要である．

● **大型計算機による統計処理**

少し前までSAS（Statistical Analysis System）やSPSS（Statistical Package for Social Science）は大型計算機でしか利用できず，データが複雑で多数ある場合に使う多変量解析の手法は，大型計算機の使用権がないと使うことができなかった．しかし，SASやSPSSの機能の多くはパーソナルコンピューター上に移植され，いささか高価ではあるが，誰でも利用できる時代になった．したがって，大型計算機を使わなければならないのは特殊な場合に限られる．

7・4 英文表記

論文に使用した統計学的手法を記述するためには，英文表記を知っておく必要がある．統計学的用語については，随時日本語と併記したが，文章として知っておくべき表現方法がある．日本語の表現についても同様で，ある決まった表現をすることが多い．それが，数学的に適切な表現となっているためであり，自分固有の表現にしないほうが無難である．

・・・

例：英文表記

[t検定など]

- Group A shows significantly lower effect ($p<0.05, n=23$) than the control group.
  グループAの効果はコントロール（対照群）よりも有意に低いこと（$p<0.05, n=23$）が認められた．
- Group B shows no significant difference from the control group.
  グループBではコントロールと比較して有意な変動が認められなかった．

[分散分析など]

- There was a significant increase in the score of category 3 after the task ($F=33.05$, $df=2/10, p<0.05$) as compared to those in the pre-task state.
  作業後のカテゴリー3のスコアでは作業前のスコアに比べて有意な増加（$F=33.05, df=2/10, p<0.05$）が認められた．

・・・

7・5 統計学をいかに利用するか

図7・3に，いろいろな分布の形を紹介する．実験の内容によっては，このように正規分布でない分布をする可能性が考えられる．検定の前提として仮定している分布，たとえば正規分布からあまりはずれるようであれば，検定手法自体を変える必要がある．

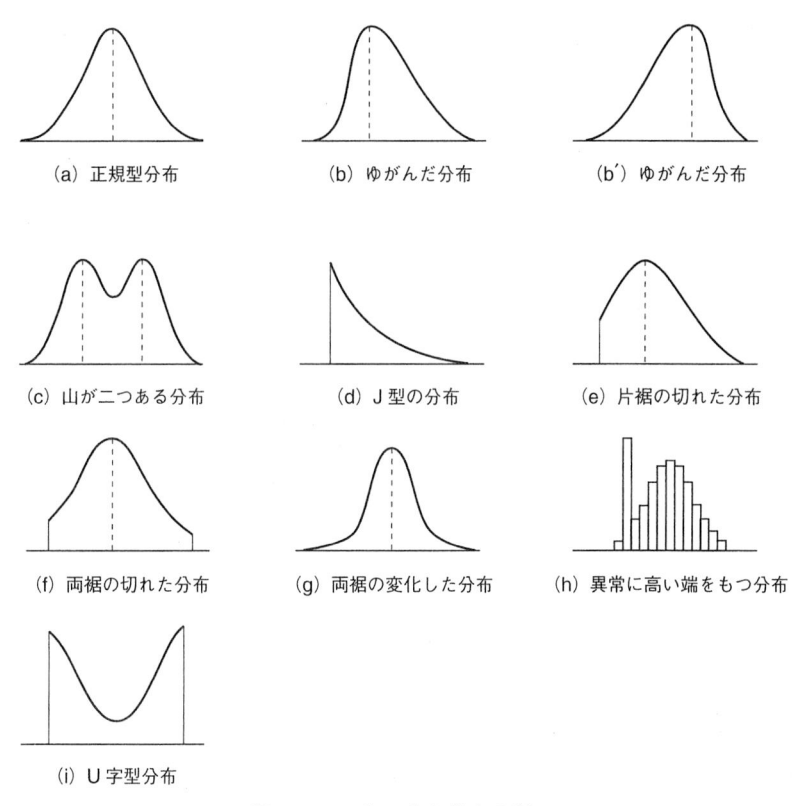

(a) 正規型分布
(b) ゆがんだ分布
(b′) ゆがんだ分布
(c) 山が二つある分布
(d) J型の分布
(e) 片裾の切れた分布
(f) 両裾の切れた分布
(g) 両裾の変化した分布
(h) 異常に高い端をもつ分布
(i) U字型分布

図7・3 いろいろな分布の例

● 知りたいのは真実

検定結果に有意差があるからといって単純に喜ぶべきではない．われわれが知りたいのは真実であって，統計の結果ではない．そのためには，自らの実験系を熟知していることが大切である．その実験の意味，どこが重要なポイントか，何が実験

結果に影響を及ぼすのか，等々を認識している必要がある．背後にある真実を見極める目をもつことが大切である．

それでは，検定結果が自分の立てた仮説と一致しない場合はどうすればよいのか？　統計学の立場から助言すると，実験の回数 (n) を増やすか，実験条件をさらに統制して，制御できないパラメーターの数を減らすべきである．

● 統計手法は実験開始前に決定

統計手法は，必ず実験や調査の前に決めておくべきである．それぞれの統計手法は対象集団の分布や質をある前提のもとに扱う．したがって，その前提が満たされなければその手法は使えない．これは，"現実との継ぎ目"にかかわる問題であり，適用を間違えると致命的である．また，ある手法で必要なパラメーターは決まっているので，必ず測定・記録しておく必要があるが，統計手法を定めていないとデータが抜け落ちる可能性がある．統計手法を考えないで実験系を考えることは，その実験系の当該研究における意味を知らないことに等しい．

統計学的手法を有効に使うための最大のポイントは，適切な統計手法を選ぶ点にある．しかし，これが意外に難しい．統計学に関する質問の中で最も多いのがこれである．本書では表を用いて，どんな場合にどの手法を使うべきかを解説したが，統計学的手法の種類はこれだけではない．ここに該当するものがないこともむろんある．その場合は他の専門書を参考にするか，専門家に尋ねてほしい．現在では，コンピューターが計算を実行してくれる．したがって，計算方法を調べることよりも，適切な手法を選ぶことのほうが重要である．そして，どんな場合でも理論と現実の継ぎ目がどこにあるのかを知ることがそのつぎに大切である．

● 数学理論と現実との継ぎ目

統計学の基本は確率論によっており，その限りでは整合性のとれた美しい学問体系である．しかし，現実はそうなるとはかぎらない．たとえば，サイコロの目の出る確率は必ずしも 1/6 ではない．サイコロの物理的な構造により偏った確率になるかもしれない．振る回数が少なければ，やはり偏った値を示すであろう．しかし，この段階であれこれ可能性を考えていては数学理論とならない．そこでサイコロの目の出る確率を等分の 1/6 と定義する．これを**公理的接近法**あるいは**確率の先的定義**という．ここに理論と現実との継ぎ目がある．いったん定義してしまえば，

その後の数学的扱いは楽になる．しかし，この継ぎ目があることで不思議なことが起きる場合もある．

たとえば，5本のくじに1本当たりが含まれていたときの当たる確率は1/5と定義される．そのうち1本を取出し別のところに置く．神の目をもつ人がいて，それがはずれであることを知ったとする．残り4本から当たりくじを引く確率ははたして1/4だろうか．正解は，やはり1/5である．なぜなら，数学的なくじの定義では，引かれるまでは当たる確率は1/5だからである．神の目をもつ人はいないと反論されるかもしれないが，販売数の少ない宝くじ売り場では買いたくない心理は，この例と同じである．販売数の少ないことは，そこから当たりくじが出る確率が小さいことを示唆しているが，これは後にわかることである．神ならぬ人間にとっては当たる確率は数学的確率と同じであり，どこで買おうと同じはずである．しかし，当たりが出なければ（これが普通に起こることであるが）そこでは買うべきでなかったと思い知らされる．

いずれにしろ，いい加減なものは数学ではなく現実のほうである．したがって，どこが現実との継ぎ目になっているかを意識していないと適応方法を誤ることになる．たとえば，パラメトリックな統計学では，母集団が正規分布など，ある特定の分布をしていることを前提にするが，実際には必ずしもそうはならないことがあるので注意が必要である．

統計学と現実の接続が難しいのは，統計学だけの特徴ではなく，数学を現実に適用する場合に起こることであり，ある程度は避けられない．

たとえば，$1+1=2$ は卵に適用すれば，数学と現実は問題なくつながる．1個+1個=2個である．しかし，水に適用するととたんにあやしくなる．まず，1リットル+1リットル=2リットルと解釈しよう．この数学上の1リットルと現実の1リットルは，簡単にはつながらない．測定誤差の問題があるからである．1リットルと思っているものが正確に測定すれば，1.001リットルかもしれない．そうすると，実際には1.001リットル+1.002リットル=2.003リットルであることもあろう．これを測定誤差3桁として，1リットル+1リットル=2リットルとしておくことはできるが，この足し算は果たして現実を忠実に表現していることになるのだろうか．結局，われわれは数学と現実をつなぐためにある種の約束事（この場合測定誤差）をしていることになる．この約束事をきちんと理解しておかないと，現実世界の認識に失敗することになる．

● 生データを大切に

どのような研究でも，最初に得られた生データをよく観察することが大切である．つまり，生データを数値の集まりとしてもつだけではなく，その散布図を描くことは重要な習慣である．散布図でグループ間に差がないように見えるものには，統計学的な差異が見いだせないことが多いものである．

また，検定は他人を説得するための有効な手段であるが，それ以上のものではない．何も差がないところから差を生み出す魔法の道具ではない．ましてや，つぎのような目的で統計学を用いてはならない．

> マーフィーの法則の系 ウィリアムスとホランドの法則
> "必要なだけのデータを収集できれば，どのような理論も統計的方法で証明できる"
> [参考文献：E. B. ゼックミスタほか，"クリティカルシンキング入門編"，北大路書房（1996）．]

8. レポートを書こう！

8・1 はじめに

　実験を始めた以上，レポートは必ず書かなければならないものと思った方がよい．レポートを書いてはじめて，実験の結果が意味をもつようになる．運が良ければ，自分の出したデータが人々の生活を豊かにしたり，科学や技術の新しい潮流をつくり出したりするかも知れない．さあ，レポートを書こう！

　とはいえ，実験は好きだが，レポートを書くのは嫌いだというタイプの人が理系の分野には大勢いる．じっくり計画を立て，細心の注意をはらって器具や薬品の準備をし，正確で効率の良い実験をしたにもかかわらず，あとは実験ノートを放り出して，レポートの締め切り直前まで顧みない学生が実に多い．このようなタイプの人たちは，一見，——本当はそうではないが——頭を使わず体だけを使っているように見えるという意味で，ここでは"肉体派"とよぶことにする．一方，実験は嫌いだが書くことならばいとわないという学生も少数ながら存在する．データさえもらえばレポートは書けると思っている人たちである．実験の細部や実験の工夫には関心がなく，できれば他の人にやってもらいたいと思っている．他人のデータに頼っているという意味で，この人たちを仮に"ヤドカリ派"とよぶ．

　この章は，その両方のタイプの人たちに向かって書いたつもりである．肉体派の人たちに対しては，レポートを書くための障壁を低くするためにはどうしたらよいかを説明したい．小中学校の時代にいわゆる"作文"を苦手としていた人たちは少なくないであろうが，少なくとも一昔前までの日本の作文教育にはおかしなところがあり，科学分野のレポートを書くための訓練としては無益か，場合によっては有害でさえあった．したがって，小中学校のころに作文の出来がよくなかったとしても，自分には書く才能がないと思いこんでしまってはいけない．いわゆる作文が苦手だった人たちが，科学や技術の分野に入ってすばらしい書き手になることはあり得ることなのである．

ヤドカリ派の人たちには,事実に迫る書き方とはどのようなものかを説明したい．最も強調したいのは,"現実"と"言語"との密接不可分の関係,明快さと受け入れやすさの関係およびその違いなどである．そしてレポートを書くことによって,実験の価値を見直し,実験そのものに興味をもつようになってもらいたい．

8・2 学生実験のレポート

　化学系の学生であれば,レポートの形式にはすでになじみがあると思う．最初に"緒言"(イントロダクションのことで"しょげん"または"ちょげん"と読む)があり,つぎに"実験"があり,そのあと"結果"と"考察"が続くといういつものパターンである．この章における"レポート"もほぼこの形式に従い,実験的な内容を含むものとする．

　ただし,この章において学生実験のレポートの書き方を説明するつもりはない．というのも,レポートが"新しい事実や発見"を伝えるものであるとすれば,学生実験レポートは必ずしもレポートとはいえないからである．学生実験レポートは,指導する立場からいえば,練習実験の内容を正しく理解しているか,適切な実験を行って必要なデータを得たか,データが正しく処理され,必要な分析がなされているかなどをチェックするためのものである．本書に即していえば,1章から4章までに書かれていることを,学生が正しく身につけているかどうかを判断するものなのである．その意味で,学生実験レポートはむしろペーパー試験に近い．(なお,ペーパー試験では他人の答案を見て書くことをカンニングという．学生実験レポートも同じことである．)

　ちなみに,学生実験レポートの"緒言"くらい書きにくいものはないと思う．緒言は,何のためにその実験や計算を実行するかを読者に説明する重要な部分であるが,学生実験の場合,その目的はあらかじめ決められている．与えられた実験テーマについての理解を深め,必要な実験技術とデータ処理に習熟することである．そう書いてしまえば,あとには書くべきことが残らない．つぎの"実験"の部分は,指示からはずれた操作でもしないかぎり,マニュアルと大きく違った書き方はできない．実験マニュアルには必要にして十分な記述がなされているはずだからである．最後の"考察"は,創造的な書き手を刺激する唯一の部分であり,レポートを採点する側もこの部分を読むことをひそかな楽しみにしているものであるが,基本的

な筋道はテーマ設定の段階で決められているから,考察の内容はどうしても副次的な,細部にこだわるものにならざるを得ない.

　学生実験レポートをデータの一覧表以上のものにしようとしたら,バーチャルなコミュニケーション空間を想定しなければならない.少なくとも,指導教員以外の読者を必要とする.筆者自身は,このことを学生諸君につぎのように説明したことがある.

> 先生に読んでもらおうと思ってレポートを書いてはいけない.同じ学年で化学系とは違う分野に進んだ友人たちの顔を思い出してほしい.その人たちに自分のやったことを一から説明するつもりでレポートを書くようにしなさい.そうすればおのずと文章が浮かんでくる.

　学生実験レポートには,本格的なレポートをかくための"筋肉トレーニング"という側面がある.このトレーニングはカリキュラム上きわめて重要であるが,そこで書かなければならないレポートは本来のレポートとは若干性格の異なるものである.この章では,むしろ本来のレポートの書き方に重点を置いて説明する.具体的には,オリジナルなテーマに基づいて実験を行ってそれをまとめる段階,たとえば卒業研究をまとめるときなどに役に立つ内容としたい.

8・3　レポートの文体

　司馬遼太郎の長編小説"坂の上の雲*"の冒頭の部分に,つぎのような印象的な文章がある.

> 城は,松山城という.城下の人口は士族をふくめて三万.その市街の中央に釜を伏せたような丘があり,丘は赤松でおおわれ,その赤松の樹間がくれに高さ十丈の石垣が天にのび,さらに瀬戸内の天を背景に三層の天守閣がすわっている.古来,この城は四国最大の城とされたが,あたりの風景が優美なために,石垣も櫓も,そのように厳しくはみえない.

　このわずか数行の文章に,明治初期の四国松山のお城の様子が正確に描写されている.しかも読んでいて,気持ちがよい.この文章から人はさまざまなことを想像するであろうが,著者はそこには踏み込まず,事実とひかえめな印象の記述だけにとどめている.化学のレポートもこのような文体で書けないものかと思う.

＊　司馬遼太郎,"坂の上の雲(一)(文春文庫)",p.7,文藝春秋 (1978).

8. レポートを書こう！

● **なぜ文章が書けないか？**

　レポートをうまく書けない人にも，さまざまなタイプがあると思う．そもそもわかりきったことをなぜ説明しなければならないか，と考えている人がいる．データを示して，必要なら数式と図を添付して，それで十分ではないかというのである．もっともな気もするが，いささか不親切ではないかと思う．このようなタイプの人の中には，自分はわかっていてもそれを筋道立って人に説明できないという人が多い．しかし一番多いのは，内容をよく理解しており説明もできるが，うまく文章にできないというタイプであろう．

　科学の分野でも使用に耐えうるような現代的な日本語の散文が登場したのは，明治時代の後半に正岡子規が"写生文"を唱道してからだといわれている．夏目漱石の初期の作品を読んでいると，自然科学に関係した習作のような小文が出てくることがある．漱石自身もこの運動に興味をもっていて，いろいろ試していたらしい．このように，科学分野でも使える日本語の散文はたかだか100年くらいの歴史しかないので，まだまだ発展の余地がある．現在でも書き言葉の変化は続いているように思う．わずか10年前の学校における作文教育が陳腐になってしまったり，ネット空間でみたこともないような珍奇な日本語が飛び交ったりするのも，このような変化のあらわれであろう．

　子規が写生文運動を始めるまえの日本語の書き言葉は，必要以上に装飾的であった．当時の知識人が共通に身につけていた漢文調の文章の見本のようなものがあり，それを組合わせて作文をしていた．そのため文章の定型を知らない一般の人は，自由にものを書けないという雰囲気があったという．今ではそういうことはないと思うが，書くときに必要以上に構えてしまうという一部に見られる傾向は，その名残といえよう．

　一方，ヤドカリ派は，多彩な書き言葉の定型を身につけている人たちである．いわゆる文章のうまい人たちであるが，レポートを書かせると出来が良くないことがある．この人たちの文体の欠点は，現実との間にズレが生じやすいということである．文の定型は，さまざまな場面に適用可能であるが，それを使う人の現実体験が希薄だったり観察や考察が不十分だったりすると，文の調子だけが先行して，とかく事実や内容から乖離する傾向が生じる．文章はなめらかだが現実がうまく伝わらないということが起こりうる．

8・3 レポートの文体

　写生文運動の主張は要するに，"表現以前に事や物をよく把握し，表現にあたっては，言語が呼び起こす読み手の想像力を過信せず，むしろ読み手の想像力の負担をできるだけ軽くせねばならない．つまりは，写実的でなければならない"ということに尽きる．これは科学・技術の分野で文章を書くときの基本でもある．

● 1台の荷車に1個の荷物

　先に引用した文章を書いた司馬遼太郎は，文体の在り方について，センテンスは荷車のようなものであり，"一台の荷車には一個だけ荷物を積むようにしなさい"と述べている．1個ずつ荷物を積んだ荷車を連ねてゆけばそれでよく，欲張ってたくさんの荷物を1台の荷車に積んではいけないというのである．なぜなら，読み手は一つのセンテンスを読むのに一つの意味しか理解 ── もしくは感じること ── ができないからだという．入学試験に出題される現代文の中に，一つのセンテンスに複数の意味を載せている文章がよくあるが，場合によっては悪文にもなるので，まねをしようとしてはいけない．

　それでは，この"一個ずつ荷物を積んだ荷車を連ね"たような文章をつくるためにはどうすればよいのだろうか．これがレポート書きに苦しむ人たちの素朴な疑問であろう．いろいろなノウハウがあるだろうが，筆者自身は，人に話すように書けと答えている．

　たとえば，親しい友人を相手に，その人の目を見ながら，自分のやりたいこと，自分のやったこと，自分の考えていることを説明する場面を想像してほしい．このような緊密なコミュニケーションの場においては，自分の話が通じているかどうかは，相手の目の色を見ればわかるものである．相手が納得していないようであれば，語の選択やロジックに欠陥があるのだから，別の言い方に変えてみなければならない．このような作業を一人二役で行うことが文章を書くことだといってもよい．自分の書いたものを一定の期間置いてから，対話の相手になったつもりで読み直してみて，スムースに読めるはずの文章がどこかでひっかかったらそこが問題の箇所だから，その前後を含めて相手に納得してもらえるように別の表現に変えてみる必要がある．このような作業を繰返していくうちに，誰が読んでも明快な"レポートの文章"ができあがるのである．

8. レポートを書こう！

● **日本語の散文の特徴**

　化学という学問はどこの国でも通用する普遍的な学問であるから，現在使用している言語の限界をわきまえた上で，正確を期すためにそれを補うような表現の仕方を考えなければならない．英語で化学論文を書き慣れている人が，同じような内容で日本語で書こうとして行き詰まることがあるという話をよく聞く．もちろん，逆の場合もあるだろう．この食い違った部分が，日本語と英語の散文の違いを表している．具体的に二つの点をあげておこう．

　一つは，日本語には関係代名詞がないことである．古い言い方では，"……したところの"という言葉があったが，いまではすたれて使われていない．関係代名詞がないということは，形容詞句を含む長いセンテンスがつくれないということだから，やや複雑な操作や考え方を表現するときに，これは不便である．この問題を解決する方法は，ただ一つで，センテンスの配列を工夫することである．司馬遼太郎風にいえば"荷車の形には大小長短が必要で，当然，荷物にも大小があり，軽重がある"．したがって，"その馬車のつらね方──つまり大小や長短，もしくは軽重をうまく案配する"ことによってセンテンスによる他のセンテンス（あるいはその一部）の修飾を行い，できれば文章のバランスをとって"作為的でない美的なにものか"をも生み出すということになる．このあたりが，レポート日本語の難しさかもしれない．

　もう一つの例は，日本語には英語の a や the に相当する冠詞がないばかりでなく，単数と複数の区別もないということである．この言語では，一つ一つの物の区別や一般的な物と個別の物との区別などがつきにくいので，レポートを書くときには相当不便である．逆に日本人の立場から言うと，冠詞は欧米語をマスターするときの難関の一つになっており，かなりできる人でも冠詞の使い方を間違えることがある．英語と日本語の違いを具体的に示すために，つぎのようなごく平易な英文を取上げてみよう．

> Expansion of <u>a gas</u>. Consider <u>a gas</u> confined to one of <u>tow bulbs</u> connected by <u>a stopcock</u>, <u>the other</u> bulbs being evacuated. If <u>the stopcock</u> is opened <u>the gas</u> will flow so as to distribute itself uniformly between <u>the two vessels</u>. For <u>a perfect gas</u>　(and <u>most real gases</u> are almost perfect under normal condition) there is no change in energy accompanying this expansion. Nevertheless, there is clearly some driving force causing <u>the gas</u> to distribute itself between <u>the two vessels</u>. [E. B. Smith, "Basic Chemical Thermodynamics," 4th Ed., Oxford Science Publication (1990) より．]

8・3 レポートの文体

この文のアンダーラインを引いた部分の冠詞をすべてはずし、すべて単数形に書き直した文章 —— 日本語ではそうせざるをえないが —— を始めから終わりまで一気に読み通したとする。おそらく、それだけで具体的な実験操作を理解することは難しいだろう。どうしても、図8・1のようなイラストが必要になる。図の助けを借り

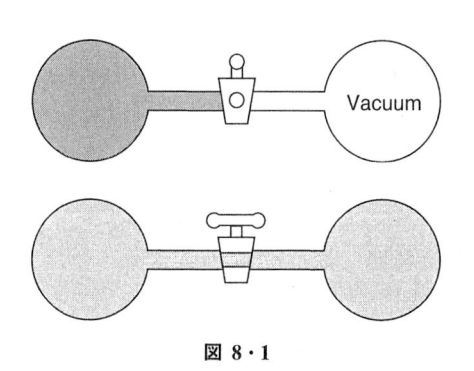

図 8・1

ることができない場合には、先に述べたように、"大小・長短の荷車"の配列に工夫をこらし、"あの"、"この"、"その"などの指示代名詞を多用することによって、ストップコックやバルブを一つ一つ区別しながら操作の仕方を説明するしかない。これは初学者にはなかなか骨の折れる仕事ではある。ひところ、輸入機器についてきた翻訳版のマニュアルが実際の機械の操作にはまるで役に立たなかったものであるが、これはおそらく本当の意味での日本語への翻訳がなされていなかったためであろう。

以上の例からもわかるように、日本語と英語とでは文の配列や修飾の関係が異なっている。日本語の文の配列をそのまま英語で置き換えたり、その逆をしたりしない方がよいのはそのためである。日本語でレポートを書く場合は日本語で考え、英語で書くときは英語で考えなければならない。日本語は科学に向いていないのではないかという人もいるが、これはもちろん誤解である。書き方の工夫で問題は解決できる。科学や技術の分野に関するかぎり、言語そのものに互換性がないということではあり得ない。要は書く技術の問題であり、技術の習得によって克服できる問題である。

8・4 文章の構造

　文章とは荷物を積んだ荷車のようなものであり，"長短さまざまな荷車の微妙な配列"が重要であるとしたら，文章のどこで改行するかが問題である．ところが現代日本語においては，この改行に関して一般に認められたルールが存在しない．試しに新聞をめくってみると，いわゆるベタ記事の部分はほぼ一定サイズのブロックに分けられているが，社説の部分になるとどういうわけか改行が頻繁に行われている．一つのセンテンスが一つのブロックになっている箇所も少なからずある．小説になるともっとさまざまで，センテンスが長かろうが短かろうが，句点のあとでは必ず改行しているものさえある．おそらく現代日本語の改行の仕方は，詩歌の句読法の伝統を受けて，声に出して読むときの息継ぎの間隔を基準に考えられているのだろう．新聞のベタ記事は急いで読むべきものだから改行の頻度が少なく，ゆっくり考えながら読んでもらいたい社説は一つのセンテンスごとに改行してしまおうというわけである．

　しかし，ブロック内におけるセンテンスの配列が重要であるとしたら，このような感覚的な方法で改行を行ってよいはずがない．一つのブロックで，一つの意味を明快に説明できるように文章を組立てるべきである．これを文章の"構造化"という．

　文章の構造化は，科学や技術の分野ではすでに行われている．文章における最小のブロックをパラグラフという．"段落"という言葉もあるが，日本語では段落は改行という意味にも使われることがあるので，ここでは混同を避けるためにパラグラフという言葉に統一する．パラグラフが集まって節ができ，節が集まって章ができ，章が集まって編・巻となるという階層構造がある．科学の分野におけるレポートの文章は，全体が一つの論理構造で，その構造がさらに小論理構造をもつパラグラフで組立てられているといってよい．

　英語には"パラグラフ・ライティング"という一般的に受け入れられている作文の教程がある．立花 隆によるとこれはアメリカのジャーナリズムに起源をもつものだという．もともと新聞づくりの慌ただしい現場の中で，パラグラフ単位の削除または追加だけが許されている"デスク"の必要性に応じて発達したものである．そののち，自然科学や工学の分野に広まり，現在ではアカデミックな論文も基本的にはこの標準に従って審査されている．英米の学校教育では文系・理系を問わず標準的な作文技法として採用されているので，一種のグローバル・スタンダードと

いってもよい．パラグラフはつぎのような順序でつくられる．

❶ **パラグラフの主題を決める**　パラグラフをつくるときにはまず主題を決めなければならない．パラグラフの主題が一つのセンテンスで言い表されているとき，そのセンテンスをトピックセンテンスという．このようなセンテンスはパラグラフのどの位置にあってもよいが，できれば先頭に置くのがよいとされている．トピックセンテンスは，パラグラフに含まれているすべての情報の要約である．

❷ **主題を展開させる**　主題はパラグラフの中で完全に展開され説明されなければならない．たとえば，トピックセンテンスが"A君が大学に行けない理由は三つある"という場合には，その三つの理由をすべて説明しなければならない．一つの理由のみを述べて，他の二つを別のパラグラフで説明したりしてはいけない．ただし，一つ一つの理由が長大な場合はこの限りではない．

❸ **よけいな材料を除外する**　パラグラフの主題はそのパラグラフに含まれる情報を制限したり限定したりする．たとえば，"先週Bさんから良い知らせを聞いた"ということを主題にしたとすると，そのパラグラフではあくまで"Bさんから聞いた良い知らせ"に集中する必要がある．また，Bさんから聞いた良い知らせのうちのどれを書いてもよいというわけではなく，"先週聞いた"良い知らせについて書くことになる．このように，主題はそのパラグラフに含まれる情報を制限することになる．

パラグラフを書くための最初の段階は，このようにどの情報を含ませてどの情報を含ませないかを選択することである．理論的には，これから書こうとすることをしっかりと決めてかからないと，パラグラフ一つ書けないことになる．

しかしこれはあくまで理論上のことであって，文章が自然にどんどん書けるときには，この構造をあまり意識しなくてもよい．このような状態にあるときは，頭脳が最も活発に創造的にはたらいているときであるから，勢いのおもくむままに書き進んでよいかも知れない．ただし，そうして書かれた文章には大きな穴があったり論理の飛躍があったりする場合が多いから，時間を置いて注意深く推敲する必要がある．それぞれのパラグラフの主題を確認し，文章を構造化し，細部をつめて，仕上げをきちんとする必要がある．一方，何を書いたらよいか思い浮かばないような

場合には，まずパラグラフの主題を考え，それをふくらませるつもりでパラグラフをつくり，文章を積み上げていくやり方を推奨したい．

いずれにせよレポート作成においては，文章とパラグラフのあいだの論理的な関係を意識することが重要である．

8・5 レポートを書く前に

§8・1〜8・5では，レポートはごくあたりまえの文章で書いてよいということを説明した．書くべきことが決まったら，自然な平易な文体で，筋道を立てて人に説明するつもりで書けばよい．このように，レポートを書くにあたっての障害が除かれたら，あとは実際に書いてみるだけである．レポートを数多く書くことによって，はじめて良いレポートが書けるようになる．そのときに役に立つような内容は，本書のいたるところにとりあげられている．本章の末尾には，レポートを書くためのコツをまとめた定評のある参考書も示されている．ここでは，他の章や参考書との重複をさけて，ポイントとなる項目だけを特に取上げて説明する．

● 絶対してはいけないこと —— 剽窃

レポートを書くに前に，注意してもし過ぎることがないのは，"剽窃（ひょうせつ）"をしてはいけないということである．簡単にいうと，他人の書いたものから盗んできてはいけないということである．これまで，教科書や参考書に書いてあることをいわば"まねる"ことによって勉強してきた学生に，このことを理解してもらうことは容易ではない．そもそもまねをしなかったら，理論も理解できなかったはずだし，文章も書けなかったはずである．

しかし，いまや自分自身が得た実験データにもとづいて，オリジナルなレポートを書く段階に到達したのである．ここで改めて"オリジナル"という言葉の意味の重さをかみしめてほしい．学習の段階では人まねをすることは許されるし必要でもあるが，オリジナルな仕事をする段階では，自分の個性と能力によって新しいものを生みださない限り，何をしたことにもならない．オリジナルな内容と称して人のものを借りて自分のもののように見せるのは犯罪行為である．

具体的にいうと，だれかの言葉や文章を，原著者の名前を示さず，引用符またはかぎかっこでくくりもせずに書いたら剽窃になる．ただし，この問題には複雑な側

8・5 レポートを書く前に

面がある．一つは，何度も繰返して読んでいるうちに自分のものになってしまい，それと気づかず剽窃行為を犯してしまうということがある．二つは，科学や技術の分野では，ほとんどすべての言葉や言い回しがすでに誰かによって書かれているはずだから，ある長さの文章までは剽窃行為とは断定できないということである．ちなみに，化学や数学のように普遍的な学問の教科書の場合，内容や構成が他のどれにも似ていないことなどあり得ない．

この問題は繰返し議論されているが，明快な答えは出されていない．一つ目と二つ目は相互に関係があって，たとえば2行程度——これもあいまいな表現であるが——以内であれば，引用文として扱わなくてもよいだろうという考え方がある．逆にいえば，たとえば3行以上の文章を一言一句たがわずに無意識に書くことはあり得ないから，剽窃とみなすということである．剽窃が明らかとなって，しかもそれを繰返すようであったら，その人はその分野では誰からも相手にされなくなるということを肝に銘じておくべきである．

● **いつ書くか？**

筆者も含めてふつうの人は，締め切りに合わせてレポートを書くものである．ただし，どのように締め切りに合わせるかが問題となろう．良いレポートは，すぐれた実験の結果と，独創的なアイデアと，広くて深い考察の積み重ねの結果として出来上がるものである．これらの要素が混然一体となっているような説得力と整合性のあるレポートを書くためには一定の熟成期間が必要である．熟成期間をおかず，測定したばかりのデータや読んだばかりの資料をもとにレポートを書くことを，英語ではhand to mouth（その日暮らしをすること）といって，良くないこととされている．

論文を書こうと思って机の前に座る前に，およそ1週間はぐずぐずすることにしているという人もいる．自分の考えをまとめるためである．こうして時間を費やす間に無意識のうちに，あるいは明らかに意識的に何ごとかを行うのである．時間のむだと思うかもしれないが，これはさまざまな意味で貴重な時間である．

とはいえ，ほとんどの場合このようなぜいたくは許されないし，熟成を待ちながらとうとうレポートを書けなかったという例も少なからずある．結局，たった今言ったたことと矛盾するようであるが，データと資料がそろったらぐずぐずせずに早く書けということである．

8・6 レポート作成の実際
● 表　題

　表題の付け方は本人が想像する以上に重要である．後に"要約"のところでも説明するが，あるレポートを読もうか読むまいか迷ったときには，人はまず表題，ついで要約を見て決める．したがって，何にでも通用するような一般的な表題をつけてはいけない．レポートの内容を具体的に表すような表題にしなければならないが，あまり長くなるとインパクトがなくなる．簡潔でずばりと内容を示すような表題を思いつきたいものである．

● 書き出しと緒言

　レポートは書き出しが重要である．最初の1センテンスさえ書ければ，あとはつぎからつぎと文がわき出てくるという幸福な人もいる．上に述べたように，熟成期間を経て書くべき内容が固まり，あとはそれを文章として形にするだけになっている段階では，このようなことが起こりうる．この場合レポートの出来は書き出しの勝負となる．

　レポートは，緒言から書くのがふつうで，また望ましくもある．緒言では，何がこれまで行われてきたか，なぜその問題が重要か，何が前提とされているか，何が新しいか，何に寄与するかを書く．すなわちそのレポートのテーマを短いメッセージにまとめて伝える．緒言の性格を一言で表せば"これから書こうとすることを書く"ところである．また，緒言で全体の結論に触れることはいっこうにかまわない．そうするかどうかを判断する基準は，効果的か否かということだけである．

　文体は，あまり型にはまった堅苦しい調子ではいけないし，かといってあまりくだけすぎてもいけない．緒言の役割の一つは，読者にインパクトを与え，読者の注意を引くことである．うまく読者の注意を引くことに成功したら，少なくともそれを維持するチャンスがある．逆に読者の注意を引けなかったら，そのチャンスもないということである．

　机に向かったら，最初に"このレポートの目的は……である"，"この論文で私は……したい"と書き始めることをお勧めする．実際にこのような構文を緒言の中に残すかどうかは別にして，レポートに書くべきことを冒頭で明らかにするという意味で効果的であろう．

8・6 レポート作成の実際

● **実験および結果**

本書の他の章においては,レポートの"実験"および"結果"の部分を書くときに注意すべき事項が細部にわたって説明されている.ここでは,重複を避けながら特に強調したい点のみを列挙する.

時 制 簡単にいえば,明らかに過去に起こったこと以外は現在形にすることになっている.特に普遍的なことがらは必ず現在形で書く.観察したことがらは過去形で書くが,実験操作は現在形で書くこともある.これには,誰がいつ行っても同じだという主張が含まれている.グラフや図や引用文献は現にそこにあるものだから現在形にする.

単位の表記 単位の省略形である Hz や dB では一部に大文字が使われているが,これは人の名前に由来するものである.それ以外は,mol, m のようにすべて小文字で表記する.ただし,英語で省略せずに書くときは,hertz, decibel のように小文字だけでつづる.これは矛盾だが,そうなっているのだから仕方がない.なお,数字と単位の間にはスペースを入れるのが決まりである.

質量と重量 科学や技術のレポートではこの区別が重要である.質量は物質に固有のものであるが,重量は質量に重力がかかって生じるものである.したがって,キログラムは質量の単位であり,重量の単位ではない.重量の単位はニュートンである.化学でよく使われる重量パーセントも正確には質量パーセントのはずだが,これは習慣として確立しているから受け入れるほかはない.

温 度 国際単位系では,絶対温度を表すのに"度"は使えない.単に kelvin または K と書き,度はつけない.セルシウス度"℃"は SI 単位であり現に使われてもいるが,少なくとも物理と化学の分野では使わないことが望ましいとされている.

リストと箇条書き 箇条書きでは,名詞か文か分詞かのいずれかに統一しなければならない.名詞や分詞を羅列するときは,箇条書きとはいわず"リスト"という.箇条書きも,なるべく文の長さと形をそろえた方がよい.

方程式の書き方 短い式は文中に $a = bc$ のように書き,長い式は最低1行分のスペースをまるまる使って,

$$a = bx + c/d \tag{8・1}$$

のように書く.右側のかっこ内の数字はその式につけた番号である.このいずれの

例においても，式は文の一部であることに注意．つまり，上の例では式の前に読点がきて，式のあとの残りの文の末尾に句点がつけられている．式のところで文が完結する場合は，式の最後に句点がつけられる．このルールは，英文では厳密に守られているし，日本語でも同じことだろう．ただし，式の最後にマル（．）がつけられている例はあまり見たことがない．

図と表の説明　　図の説明は図の下に書き，表の説明は表の上に書くのが一般的．本文と区別するためにゴシック体を使うこともよくある．図の説明も表の説明も本文に頼らなくても一応理解できるように書くべきである．図や表は，本文とは切り離されて利用されることがあるからである．たとえば，"(1)式の図示"などと書いてはいけない．本文の(1)式を参照しなければ意味をなさないからである．なお，図や表が一枚しかないときも図1，表1のように番号をつける．

かっこつき　　語またはセンテンスに引用符またはかぎかっこをつけるのは，特に強調したい場合，他の文献から引用した場合，一般に了解されていない語を最初に使う場合の三つに限定すべきである．かぎかっこでくくることによって語またはセンテンスに別のニュアンスをもたせようとするのは，表現の未熟さ表すものである．本当に言いたいことを表す別の語やセンテンスを見つけるか，より詳しい説明を行うべきである．引用符またはかぎかっこつきの文は"言葉の選び方についてわびを入れているようなもの"だという人もいる．

文　献　　引用または参照した文献は，論文の末尾にまとめて示す．ただし最近では，本文の該当箇所にかっこでくくって文献を示している例もある．文献の表記法は出版社によってまちまちであるが，雑誌の場合は著者名，雑誌名，刊数，号数，始めと終わりのページ数，最後にかっこつきで発行年を記すのがふつうである．著者名のあとに表題を示すこともあり，雑誌名のすぐあとにかっこで発行年を示すこともある．

● 考　察

"考察"は全体として，緒言において設定された目的や疑問に対する解答になっている必要がある．緒言において問いを発し，考察において答えるという関係から，この二つのパートはレポートの中で対をなしている．緒言において設定された問題が実験や計算によってすっきりと解明された場合には，その結論に至るまでの根拠を一つ一つ説明しながら，自然に最終的な結論に達するように書けばよい．

8・6 レポート作成の実際

　書き方としては，結論にいたる根拠をまず箇条書きに書き出して，各項目をトピックセンテンスとしてパラグラフを一つ一つ作り上げていくことをお勧めする．パラグラフ内にはトピックセンテンスを支える根拠となる部分があるものだが，これはパラグラフの主題を支えるという意味でサポートセンテンスとよばれている．それぞれのサポートセンテンスをさらに支える"サブサポートセンテンス"もある．階層化されたパラグラフを読むと，論理的に自然に理解できるものである．このようにして書かれた文章はロジックが優先して，文章の流ちょうさに欠けるが，明快さを強調する場合にはこの方がよい．

　しかし，すべての実験がこのようにうまくいくとは限らない．結論が一つにしぼり切れないことも多いし，いくつかの状況証拠を得たにとどまることも多い．このときも，同じく考察において議論できる内容を箇条書きで列挙して，その一つ一つをふくらませてパラグラフにしていく．しかし，結論が明快なときと違って，それぞれの記述が並列的で論理的に順番が決まらない場合が多い．パラグラフの並べ方として，重要性の順番に並べる場合と逆にならべる場合があるが，一般には実験の目的に照らして重要性の高い順番にならべるのがよいとされている．

　現実のレポートには，消去法によって結論を導いているものが実に多い．実験そのものは，いくつかの可能性を考えてその一つ一つを消していく過程であることが多いので，正直に書けばそのようになるのかも知れない．しかし，可能性が絞られてくると，それを立証する実験や考察をさまざまな角度から行うものである．そうして得られた最終的な結論を説明するのに，いつまでも消去法にこだわる必要はない．レポートの明快さからいえば，まず自分の考えている反応や構造のモデルを最初に打ち出して，その主張する根拠を述べ，他の可能性を否定する根拠を述べた方がよい．最後に遠慮がちに自分の結論を提案したとしても，その結論に対する責任が軽減されるものではない．この実験結果から考えられる結論はこうであると直截に明確に述べた方が，そのあとの研究の進歩に寄与することになる．その結論にはいくつかの留保条件があったり，不確実性があったりするであろうが，それはそれできちんと付記として書いておけばよいことである．要するに，言いたいことを簡潔明瞭にずばりと書くことが，考察に限らずレポート全体において必要である．ものごとを言い切ることは勇気がいるが，言い切ることによってはじめてその考えが人々のシリアスな考察の対象になるという関係を理解してほしい．

● 結　論

　考察において結論が明白であり，繰返す必要がなかったら，そのままあっさりと終わればよい．しかし，多少入り組んだ議論をせざるを得なかった場合や，複数の結論を並列的に述べざるを得なかった場合には，"結論"を分けて書いた方がよい．"結論"では，実験から導かれたいくつかの結論の中で特に強調したいものや，あらためてはっきりさせたい結論を書く．

　考察だけで終わる場合も含めて，レポートの結び（エンディング）は重要である．エンディングにおいては，読者に記憶しておいてもらいたいメッセージを選んで，印象的に結ぶ．出だしとエンディングを結びつけるのも効果的である．先に緒言では"これから書こうとすることを書け"と述べたが，それに合わせれば，本文では"書きたいこと書け"，結論では"書いたことを書け"ということになる．

● 要　約

　"要約"（アブストラクトまたはシノプシス）は表題と並んでレポートの中でも最も重要な部分である．特に出版された場合を考えると，要約の出来いかんで他の人に引用されたりされなかったりする．表題と要約はよく人目にふれるものである．つまり，本文を読む人の何倍もの人が要約を読んで参考にしているはずだから，より正確で印象的な要約を書かなければならないということである．

　レポートの構成がしっかりしており，それぞれのパラグラフのトピックセンテンスが明快であれば，良い要約を書くことは難しいことではない．自分が興味をもった問題，自分が採用した実験方法，その結果または推察を一つのパラグラフにまとめる．レポートの完成度が高い場合には，その論旨に沿ってトピックセンテンスを配列するだけで情報に富んだ要約ができあがることがある．したがって，要約はレポートが完全に仕上がった段階で書くものとされている．

8・7　レポートを書き終わったら

　レポートを書き終わったら，原稿の段階で注意ぶかく見直すことが必要である．その場合，短期間に何度も読み直すのではなくて，一定の時間置いてから読み直す方がよい．最初の原稿あるいは2番目の原稿と最終原稿の間に少なくとも1週間の間をおくべきだと言う人もいる．自分の文章から遠ざかっていればいるほど，その

中の言葉や議論になじみがなくなり，間違いとか矛盾に気づきやすくなるからである．

　原稿を自分自身で十分に推敲して納得できるまでに仕上がったら，つぎの段階として誰かに読んでもらう必要がある．人の書いたものを原稿の段階で注意ぶかく読むのは決して楽な仕事ではないが，そのようなことを頼める人間関係をつくっておくことも大切である．

　他の人に読んでもらうと，思いがけない間違いがみつかるだけではなく，自分では当たり前と思い込んでいた表現や考え方が実は一般には通用しないものだったということがわかったりする．他の人に自分の書いたものをあれこれ言われることを嫌う人がいるが，これは基本的に間違った考えである．もともと他の人に読んでもらうために書いたのではないだろうか？　多くの人に読んでもらうことによって，その分だけ確実にレポートの完成度が上がるはずである．また，発表後に書いたものが批判を受けたら，自分の作品が人々の関心を引くことができたと考えてむしろ喜ぶべきであろう．

8・8　終わりに

　最後に指摘したいことは，"ものを書く"ということの意味である．多くの学生は，"客観的に書け"というと，自分の考えを表に出さずできるだけ隠そうとする．その結果，どんな個性をもった人間がどんな立場で書いた文章であるかわからなくなる．皮肉なことに，このような文においては書き手の意見と客観的事実との区別がむしろあいまいになる傾向がある．悪しき客観主義の結果といえよう．どんな文章にも目的があるはずであるが，科学的な内容であればなおさら"何のために書くか"をはっきりさせなければならない．一つのレポートは，"目的"と"考え"があってはじめて成立する．書く前や書くときに，その文章の目的と書き手の立場を明確にさせることが良いレポートを書くための一つのポイントである．

　最近の日本語の文章には否定的な表現が目立つが，これは本当によくない傾向だと思う．現実に存在するさまざまな事柄や考えをすべて否定したあげく，結局本人の考えがよくわからないという例が多い．あるエッセイストが，"美的感覚"とはその人の嫌悪するすべてのものを差し引いた残りであるという意味のことを書いていたが，このようなもってまわった自己表現の習慣は，美的感覚の世界にとどめて

おいてもらいたいものである．科学や技術の世界では，自分と自分の考えを前面に出して，誤解の余地のないように説明しつくすことが書き手に対して求められている．レポートにおいては，積極的・肯定的な面をまず主張して，そのあとで，自分の主張の限界に言及するという書き方をこれからの世代は身につけてほしい．

　科学や技術の分野における書くための訓練とは，結局はそれぞれの分野において"いかに考えるか"また"いかに振る舞うか"を訓練することである．書くということは，自分の考えや他の人の考えの輪郭をはっきりさせて議論の対象とするプロセスである．これはこの世界で身につけるべき最も重要なものの一つだと思う．

科学における外来語について

　外来語はカタカナで表記されることが多い．一般にはこれを避けて日本語を使うべきだとされているが，科学や技術の分野での専門用語は，和算で発達した日本起源の数学用語を除いて，実はほとんどが外来語である．

　江戸期や明治初期に蘭学などの洋学を修めた人たちは漢籍など中国の古典にも通じていたから，科学や技術分野の専門用語を漢字に翻訳して，独特の"日本語表記"をつくることができた．明治時代の初期までに基本的な専門用語の翻訳ができていたことが，明治の初めに発足した近代的な学校教育においてただちに日本語による教科書を使うことができた理由だといわれている．この翻訳語が明治以降東アジア地域に分布して広く使われるようになったといういきさつがある．

　現在では外来語を漢語に翻訳できる人があまりいないので，音をそのままカタカナに移して使う場合がほとんどである．したがって，化学のレポートなどでカタカナ語が多用されるのは仕方がない面がある．自然に日本語化するのをまつしかない．ただし，同じ意味の日本語が広く使われているのに，わざわざカタカナ語を使うのは，意図はどうあれ望ましいことではない．

参 考 図 書

1〜3章

1) O. A. W. Dilke 著, 山本啓二訳, "数学と計測", 学芸書林 (1996).
2) 佐伯 胖, 松原 望, "実践としての統計学", 東京大学出版会 (2000).
3) JIS Z 8103 : 2000, JIS Z 8402-1 : 1999, 日本規格協会.
4) 兵頭申一, "物理実験者のための 13 章", 東京大学出版会 (1976).
5) 南 茂夫, 木村一郎, 荒木 勉, "はじめての計測工学", 講談社 (1999).
6) J. R. Taylor 著, 林 茂雄, 馬場 凉 訳, "計測における誤差解析入門", 東京化学同人 (2000).
7) 矢野 宏, "誤差を科学する", 講談社 (1994).
8) 高田誠二, "計る・測る・量る", 講談社 (1981).

〈注〉 1) は測定の歴史解説書. ただし単位変換にあたって有効数字の点で問題がある. 2) はユニークな事例を含む辛口の "統計学" 解説書. 4) は少し古いが, 物理学者の実験に対する厳しい姿勢が読み取れる. 6) は誤差論について懇切ていねいな説明と豊富な練習問題が特徴. 7) および 8) は計量研究所勤務の経験ある両著者ならではの啓蒙的入門書.

4章

1) 泉屋周一ほか, "行列と連立一次方程式", 共立出版 (1996).
2) 石川剛郎ほか, "線形写像と固有値", 共立出版 (1996).
3) 三宅敏恒, "入門微分積分", 培風館 (1993).
4) 田辺行人, 大高一雄, "理・工基礎 解析学", 裳華房 (1987).
5) B.O. ピャース著, R.M. フォスター改訂, "簡約積分表", ブレイン図書出版 (1964).
6) 森口繁一ほか, "数学公式 I, II, III (岩波全書)", 岩波書店 (1987).
7) P.G. Francis, "Mathematics for Chemists", Chapman and Hall (1984).

〈注〉 標準的教科書は 1), 2) および 3). 4) は理工系の実用数学向きで, フーリエ級数も扱っている. 5) は積分表の決定版で, 数表もついているが, 今では書店で探しにくい. 6) は数学の公式集の決定版で, フーリエ変換の公式集もある. 7) は化学向けの数学をていねいに説明しており本章を書くときの参考となった. 量子化学にとりつく前に読んでおくと便利. 訳書がないのが残念である.

5〜7章

1) E. B.ゼックミスタほか，"クリティカルシンキング入門編"，北大路書房（1996）．
2) 岩原信九郎，"教育と心理のための推計学"，日本文化科学社（1980）．
3) 岩原信九郎，"ノンパラメトリック法"，日本文化科学社（1981）．
4) 河口至商，"多変量解析入門 I, II"，森北出版（1981）．
5) 草場郁郎，"新編 統計的方法演習"，日科技連（1980）．

〈注〉 1) は相関関係であることを判断するための基準について書かれている．2), 3) は同じ著書による800ページにわたる労作で，パラメトリックな手法とノンパラメトリックな手法の多くが収録されている．この2冊があればたいていの検定手法を習得することができる．それぞれの手法には必ず例題が添付されていて，わかりやすい．4) は多変量解析の入門書である．おおよその手法が網羅されているので，初めて多変量解析を扱う際に計算手法を概観できる．理解するためには，ある程度の数学的な素養が必要である．5) は工学向けの解説書であるが，それぞれの手法で留意すべき点が箇条書きで解説されており，実務派には重宝する参考書である．3) と 5) は残念ながら絶版になっているが，大学の図書館等には所蔵されている場合もある．統計学的検定は本書で紹介した方法をはじめとして，驚くほど多くの手法が考えられている．それぞれについて，良書が出版されているので，必要な手法に応じて参考にしてほしい．

8章

1) Frank Chaplen, "Paragraph Writing," Oxford University Press, London (1970).
2) Peter Kenny, "Public Speaking for Scientists and Engineering," Adam Hilger, Bristol (1982).
3) 司馬遼太郎，"以下，無用なことながら"，文藝春秋（2001）．
4) 立花 隆，"アメリカジャーナリズム報告（文春文庫）"，文藝春秋（1984）．
5) 木下是雄，"理科系の作文技術（中公新書）"，中央公論新社（1981）．
6) Mott Young 著，小笠原正明訳，"テクニカル・ライティング"，丸善（1993）．
7) 小笠原正明，'パラグラフの書き方'，"新しい物理化学実験(第2版)"，三共出版（1998）．

〈注〉 1) と 2) はずいぶん古い英語の教科書であるが，残念ながらまだこれに匹敵する日本語の本が出版されていない．3) は本書で引用するために参照した司馬

遼太郎の本である．手に入りにくかったら，朝日新聞社刊行の文庫本"司馬遼太郎全講演"（全5巻）を参照してほしい．この中で，日本語のさまざまな問題が本人の口でいきいきと語られている．5) は理科系のレポートの書き方の教科書として定評がある．6) は英語でレポートを書き始めた人にとってはとても面白い本だと思うが，絶版になっているので図書館で探すしかない．7) は，現に使われている物理化学実験の教科書である．

付録 A 数　　学

1 標本標準偏差が母標準偏差の良い推定値である証明 (p. 16 参照)

$$\sigma^2 = \frac{\sum(x_i - \mu)^2}{n}$$

$$= \frac{\sum\{(x_i - \bar{x}) - (\bar{x} - \mu)\}^2}{n}$$

$$= \frac{\sum(x_i - \bar{x})^2 + 2(\bar{x} - \mu)\sum(x_i - \bar{x}) + \sum(\bar{x} - \mu)^2}{n}$$

$$= \frac{\sum(x_i - \bar{x})^2}{n} + \frac{2(\bar{x} - \mu)\sum(x_i - \bar{x})}{n} + \frac{n(\bar{x} - \mu)^2}{n} \quad (\text{A} \cdot 1)$$

(A・1)式の第2項では平均値の定義より $\sum(x_i - \bar{x}) = 0$ であるから第2項は0である．第3項は

$$(\bar{x} - \mu)^2 = \left(\frac{\sum x_i}{n} - \mu\right)^2 = \left(\frac{\sum x_i - n\mu}{n}\right)^2 = \left(\frac{\sum(x_i - \mu)}{n}\right)^2$$

$$= \frac{\sum(x_i - \mu)^2}{n^2} + \sum_{i \neq k}\sum \frac{(x_i - \mu)(x_k - \mu)}{n^2} \quad (\text{A} \cdot 2)$$

n が大きく，残差間に相互作用がなければ (A・2)式の最終項は0になるので

$$(\bar{x} - \mu)^2 = \frac{\sum(x_i - \mu)^2}{n^2} = \frac{\sigma^2}{n} \quad (\text{A} \cdot 3)$$

以上から (A・1)式はつぎのようになる．

$$\sigma^2 = \frac{\sum(x_i - \bar{x})^2}{n} + \frac{\sigma^2}{n} \quad (\text{A} \cdot 4)$$

これを変形して

$$\sigma^2\left(1 - \frac{1}{n}\right) = \frac{\sum(x_i - \bar{x})^2}{n} \quad (\text{A} \cdot 5)$$

$$\sigma^2 = \frac{\sum(x_i - \bar{x})^2}{n - 1} = s^2 \quad (\text{A} \cdot 6)$$

となって，s は σ の良い推定値となる．

2 $\left|\dfrac{\delta Q}{Q}\right| \leq \left|a\dfrac{\delta x}{x}\right| + \left|b\dfrac{\delta y}{y}\right| + \left|c\dfrac{\delta z}{z}\right| + \cdots$ (3・4 式)**の証明** (p. 47 参照)

一般的には互いに影響を与え合わない（相互作用がない）測定値 $x, y, z, \cdots$ から誘導された物理量 $Q(x, y, z, \cdots)$ の誤差はテイラー展開の高次項を無視すればつぎのようになる．ここで使われている偏微分 $\dfrac{\partial Q}{\partial x}$ は関数 $Q(x, y, z, \cdots)$ の x 以外の変数を定数とみなし，x について微分する演算を意味する．

$$|\delta Q| = \sqrt{\left(\dfrac{\partial Q}{\partial x}\delta x\right)^2 + \left(\dfrac{\partial Q}{\partial y}\delta y\right)^2 + \left(\dfrac{\partial Q}{\partial z}\delta z\right)^2 + \cdots}$$

$$\leq \left|\dfrac{\partial Q}{\partial x}\delta x\right| + \left|\dfrac{\partial Q}{\partial y}\delta y\right| + \left|\dfrac{\partial Q}{\partial z}\delta z\right| + \cdots \quad (\text{A} \cdot 7)$$

Q が $x, y, z, \cdots$ の和差関数（$Q = Ax + By + Cz + \cdots$）であるときは

$$\dfrac{\partial Q}{\partial x} = A, \quad \dfrac{\partial Q}{\partial y} = B, \quad \dfrac{\partial Q}{\partial z} = C, \quad \cdots \quad (\text{A} \cdot 8)$$

であるから各測定値の絶対誤差が問題となる．すなわち

$$|\delta Q| = \sqrt{(A\delta x)^2 + (B\delta y)^2 + (C\delta z)^2 + \cdots}$$

$$\leq |A\delta x| + |B\delta y| + |C\delta z| + \cdots \quad (\text{A} \cdot 9)$$

Q が $x, y, z, \cdots$ の乗積関数（$Q = Ax^a y^b z^c \cdots$）であるときは相対誤差が問題となり，それはつぎのように表される．

$$\left|\dfrac{\delta Q}{Q}\right| = \sqrt{\left(\dfrac{\partial Q}{\partial x}\dfrac{\delta x}{Q}\right)^2 + \left(\dfrac{\partial Q}{\partial y}\dfrac{\delta y}{Q}\right)^2 + \left(\dfrac{\partial Q}{\partial z}\dfrac{\delta z}{Q}\right)^2 + \cdots}$$

$$= \sqrt{a^2\left(\dfrac{\delta x}{x}\right)^2 + b^2\left(\dfrac{\delta y}{y}\right)^2 + c^2\left(\dfrac{\delta z}{z}\right)^2 + \cdots}$$

$$\leq \left|a\dfrac{\delta x}{x}\right| + \left|b\dfrac{\delta y}{y}\right| + \left|c\dfrac{\delta z}{z}\right| + \cdots \quad (\text{A} \cdot 10)$$

3 **平方和の簡略化の証明** (p. 93 参照)

$$S = \sum(x_i - \bar{x})^2 = \sum x_i^2 - 2\bar{x}\sum x_i + n\bar{x}^2 \quad (\text{A} \cdot 11)$$

$\bar{x} = \sum\dfrac{x_i}{n}$ を代入して

$$S = \sum x_i^2 - 2\dfrac{\sum x_i}{n}\sum x_i + n\left(\dfrac{\sum x_i}{n}\right)^2 = \sum x_i^2 - \left(\dfrac{\sum x_i}{n}\right)^2 \quad (\text{A} \cdot 12)$$

4 標準誤差が $\mathrm{SE} = \dfrac{\mathrm{SD}}{\sqrt{n}}$ であることの証明 (p. 95 参照)

n 個の標本集団からなる大きな集団を考える．各標本は有限個の値をもっている．

$$\bar{X} = \frac{1}{n}(X_1 + X_2 + \cdots + X_n) = \frac{1}{n}S \qquad (\mathrm{A}\cdot 13)$$

とおく．ただし $\bar{X}$ は集団全体の平均とする．

$$S = X_1 + X_2 + \cdots + X_n \qquad (\mathrm{A}\cdot 14)$$

$f_v(x)$ を x についての分散を定義する関数とすると，全体の分散は各集団の分散の和と等しい．したがって，

$$f_v(S) = f_v(X_1) + f_v(X_2) + \cdots + f_v(X_n) \qquad (\mathrm{A}\cdot 15)$$

それぞれの値が全体の値 σ と同じだとすれば，

$$f_v(S) = \sigma^2 + \sigma^2 \cdots + \sigma^2 = n\sigma^2 \qquad (\mathrm{A}\cdot 16)$$

また，a を定数とすると

$$f_v(ax) = a^2 f_v(x) \qquad (\mathrm{A}\cdot 17)$$

であるから，(A・13)式の両辺の分散をとると

$$f_v(\bar{X}) = f_v\left(\frac{S}{n}\right) = \left(\frac{1}{n}\right)^2 f_v(S) \qquad (\mathrm{A}\cdot 18)$$

(A・16)式を代入して

$$f_v(\bar{X}) = \left(\frac{1}{n}\right)^2 f_v(S) = \left(\frac{1}{n}\right)^2 n\sigma^2 = \frac{\sigma^2}{n} \qquad (\mathrm{A}\cdot 19)$$

5 二つの r の差の検定 (p. 102 参照)

比較する二つの r を r_1, r_2 対応する標本数を n_1, n_2 とする．まず以下の Z_1, Z_2 を算出する．

$Z_1 = \mathrm{archyptan}(r_1)$, $Z_2 = \mathrm{archyptan}(r_2)$. ここで

$$\mathrm{archyptan}(x) = \frac{1}{2}\ln\frac{1+x}{1-x} \qquad (\mathrm{A}\cdot 20)$$

$$Z = \frac{Z_1 - Z_2}{\sqrt{\dfrac{1}{n_1 - 3} + \dfrac{1}{n_2 - 3}}} \qquad (\mathrm{A}\cdot 21)$$

この値 Z を以下の値と比較する．かっこ内は危険率である．

$$Z(0.05) = 1.96, \quad Z(0.01) = 2.68$$

Z がこれらの値よりも大きければ有意差が認められることになる.

6 2行2列の χ^2 の計算式が簡単な理由 (p. 108, 109 参照)

χ^2 の一般式は横 k 行, 縦 p 列の表では, i 行 j 列の値を x_{ij}, $T = \sum_{i=1}^{k} \sum_{j=1}^{p} x_{ij}$ とすると,

$$\chi^2 = \sum_{i=1}^{k} \sum_{j=1}^{p} \frac{(x_{ij} - m_{ij})^2}{m_{ij}} \tag{A·22}$$

ここで m_{ij} は

$$m_{ij} = \frac{\sum_{l=1}^{p} x_{il} \cdot \sum_{l=1}^{k} x_{lj}}{T} \tag{A·23}$$

で, 期待値を表す. すなわち, χ^2 は期待値からの偏差の和である.

2行2列 $\begin{pmatrix} a & c \\ b & d \end{pmatrix}$ の場合 a の部分の偏差は,

$$\frac{(f_{11} - m_{11})^2}{m_{11}} = \frac{\left(a - \frac{(a+b)(a+c)}{n}\right)^2}{\frac{(a+b)(a+c)}{n}} = \frac{\frac{(ad-bc)^2}{n^2}}{\frac{(a+b)(a+c)}{n}} = \frac{(ad-bc)^2}{n(a+b)(a+c)} \tag{A·24}$$

b, c, d についても求めて和を取ると

$$\begin{aligned} \chi^2 &= \frac{(ad-bc)^2}{n} \times \frac{(b+d)(a+d) + (a+c)(c+d) + (a+b)(b+d) + (a+b)(a+c)}{(a+b)(a+c)(b+d)(c+d)} \\ &= \frac{(ad-bc)^2}{n} \times \frac{(a+b+c+d)^2}{(a+b)(a+c)(b+d)(c+d)} \\ &= \frac{n(ad-bc)^2}{(a+b)(a+c)(b+d)(c+d)} \end{aligned} \tag{A·25}$$

p. 108 の記号に合わせると

$$\chi^2 = \frac{(ad-bc)^2 \times T}{T_1 \times T_2 \times T_a \times T_b} \tag{A·26}$$

付録 B 検定に使用される表

表 B・1 r の分布表（両側確率）

ϕ	.10	.05	.02	.01
1	.98769	.99692	.99951	.999877
2	.90000	.95000	.98000	.990000
3	.8054	.8783	.93433	.95873
4	.7293	.8114	.8822	.91720
5	.6694	.7545	.8329	.8745
6	.6215	.7067	.7887	.8343
7	.5822	.6665	.7498	.7977
8	.5494	.6319	.7155	.7646
9	.5214	.6021	.6851	.7348
10	.4973	.5760	.6581	.7079
11	.4762	.5529	.6339	.6835
12	.4575	.5324	.6120	.6614
13	.4409	.5139	.5923	.6411
14	.4259	.4973	.5742	.6226
15	.4124	.4821	.5577	.6055
16	.4000	.4683	.5425	.5897
17	.3887	.4555	.5285	.5751
18	.3783	.4438	.5155	.5614
19	.3687	.4329	.5034	.5487
20	.3598	.4227	.4921	.5368
25	.3233	.3809	.4451	.4869
30	.2960	.3494	.4093	.4487
35	.2746	.3246	.3810	.4182
40	.2573	.3044	.3578	.3932
45	.2428	.2875	.3384	.3721
50	.2306	.2732	.3218	.3541
60	.2108	.2500	.2948	.3248
70	.1954	.2319	.2737	.3017
80	.1829	.2172	.2565	.2830
90	.1726	.2050	.2422	.2673
100	.1638	.1946	.2301	.2540

表 B・2 t 分布表（両側確率）

ϕ	0.10	0.05	0.02	0.01
1	6.31	12.71	31.8	63.7
2	2.92	4.30	6.96	9.92
3	2.35	3.18	4.54	5.84
4	2.13	2.78	3.75	4.60
5	2.02	2.57	3.36	4.03
6	1.94	2.45	3.14	3.71
7	1.90	2.36	3.00	3.50
8	1.86	2.31	2.90	3.36
9	1.83	2.26	2.82	3.25
10	1.81	2.23	2.76	3.17
11	1.80	2.20	2.72	3.11
12	1.78	2.18	2.68	3.06
13	1.77	2.16	2.65	3.01
14	1.76	2.14	2.62	2.98
15	1.75	2.13	2.60	2.95
16	1.75	2.12	2.58	2.92
17	1.74	2.11	2.57	2.90
18	1.73	2.10	2.55	2.88
19	1.73	2.09	2.54	2.86
20	1.72	2.09	2.53	2.84
25	1.71	2.06	2.48	2.79
30	1.70	2.04	2.46	2.75
40	1.68	2.02	2.42	2.70
60	1.67	2.00	2.39	2.66
∞	1.64	1.96	2.33	2.58

表 B・3　χ^2 分布表（上側確率）

ϕ	0.995	0.99	0.975	0.95	0.05	0.025	0.01	0.005
1					3.84	5.02	6.63	7.88
2	0.0100	0.0201	0.0506	0.103	5.99	7.38	9.21	10.60
3	0.0717	0.115	0.216	0.352	7.81	9.35	11.34	12.84
4	0.207	0.297	0.484	0.711	9.49	11.14	13.28	14.86
5	0.412	0.554	0.831	1.145	11.07	12.83	15.09	16.75
6	0.676	0.872	1.237	1.635	12.59	14.45	16.81	18.55
7	0.989	1.239	1.690	2.17	14.07	16.01	18.48	20.3
8	1.344	1.646	2.18	2.73	15.51	17.53	20.1	22.0
9	1.735	2.09	2.70	3.33	16.92	19.02	21.7	23.6
10	2.16	2.56	3.27	3.94	18.31	20.5	23.2	25.2
11	2.60	3.05	3.82	4.57	19.68	21.9	24.7	26.8
12	3.07	3.57	4.40	5.23	21.0	23.3	26.2	28.3
13	3.57	4.11	5.01	5.89	22.4	24.7	27.7	29.8
14	4.07	4.66	5.63	6.57	23.7	26.1	29.1	31.3
15	4.60	5.23	6.26	7.26	25.0	27.5	30.6	32.8
16	5.14	5.81	6.91	7.96	26.3	28.8	32.0	34.3
17	5.70	6.41	7.56	8.67	27.6	30.2	33.4	35.7
18	6.26	7.01	8.23	9.39	28.9	31.5	34.8	37.2
19	6.84	7.63	8.91	10.12	30.1	32.9	36.2	38.6
20	7.43	8.26	9.59	10.85	31.4	34.2	37.6	40.0
21	8.03	8.90	10.28	11.59	32.7	35.5	38.9	41.4
22	8.64	9.54	10.98	12.34	33.9	36.8	40.3	42.8
23	9.26	10.20	11.69	13.09	35.2	38.1	41.6	44.2
24	9.89	10.86	12.40	13.85	36.4	39.4	43.0	45.6
25	10.52	11.52	13.12	14.61	37.7	40.6	44.3	46.9
30	13.79	14.95	16.79	18.49	43.8	47.0	50.9	53.7
40	20.7	22.2	24.4	26.5	55.8	59.3	63.7	66.8
50	28.0	29.7	32.4	34.8	67.5	71.4	76.2	79.5
60	35.5	37.5	40.5	43.2	79.1	83.3	88.4	92.0
70	43.3	45.4	48.8	51.7	90.5	95.0	100.4	104.2
80	51.2	53.2	57.2	60.4	101.9	106.6	112.3	116.3
90	59.2	61.2	65.6	69.1	113.1	118.1	124.1	128.3
100	67.3	70.3	74.2	77.9	124.3	129.6	135.8	140.2

表 B・4 　U の分布表[*]

求めた U が表の値またはそれ以下の確率（片側確率）

n_1 \ U	\multicolumn{3}{c	}{$n_2=3$}			n_1 \ U	\multicolumn{4}{c}{$n_2=4$}			

n_1 / U	1	2	3
0	.250	.100	.050
1	.500	.200	.100
2	.750	.400	.200
3		.600	.350
4			.500
5			.650

n_1 / U	1	2	3	4
0	.200	.067	.029	.014
1	.400	.133	.057	.029
2	.600	.267	.114	.057
3		.400	.200	.100
4		.600	.314	.171
5			.429	.243
6			.571	.343
7				.443
8				.557

n_1 / U	1	2	3	4	5
0	.167	.048	.018	.008	.004
1	.333	.095	.036	.016	.008
2	.500	.190	.071	.032	.016
3	.667	.286	.125	.056	.028
4		.429	.196	.095	.048
5		.571	.286	.143	.075
6			.393	.206	.111
7			.500	.278	.155
8			.607	.365	.210
9				.452	.274
10				.548	.345
11					.421
12					.500
13					.579

n_1 / U	1	2	3	4	5	6
0	.143	.036	.012	.005	.002	.001
1	.286	.071	.024	.010	.004	.002
2	.429	.143	.048	.019	.009	.004
3	.571	.214	.083	.033	.015	.008
4		.321	.131	.057	.026	.013
5		.429	.190	.086	.041	.021
6		.571	.274	.129	.063	.032
7			.357	.176	.089	.047
8			.452	.238	.123	.066
9			.548	.305	.165	.090
10				.381	.214	.120
11				.457	.268	.155
12				.545	.331	.197
13					.396	.242
14					.465	.294
15					.535	.350
16						.409
17						.469
18						.531

[*] 本表および表B・5では二つの U のうち，小さい方の U を用いること．$U_1+U_2=n_1 n_2$ なる関係がある．なお U の分布は相称的．

表 B・4（つづき）

求めた U が表の値またはそれ以下の確率（片側確率）											
$n_2=7$						$n_2=8$					
n_1 / U	3	4	5	6	7	n_1 / U	3	4	5	6	7	8
0	.008	.003	.001	.001	.000	0	.006	.002	.001	.000	.000	.000
1	.017	.006	.003	.001	.001	1	.012	.004	.002	.001	.000	.000
2	.033	.012	.005	.002	.001	2	.024	.008	.003	.001	.001	.000
3	.058	.021	.009	.004	.002	3	.042	.014	.005	.002	.001	.001
4	.092	.036	.015	.007	.003	4	.067	.024	.009	.004	.002	.001
5	.133	.055	.024	.011	.006	5	.097	.036	.015	.006	.003	.001
6	.192	.082	.037	.017	.009	6	.139	.055	.023	.010	.005	.002
7	.258	.115	.053	.026	.013	7	.188	.077	.033	.015	.007	.003
8	.333	.158	.074	.037	.019	8	.248	.107	.047	.021	.010	.005
9	.417	.206	.101	.051	.027	9	.315	.141	.064	.030	.014	.007
10	.500	.264	.134	.069	.036	10	.388	.184	.085	.041	.020	.010
11	.583	.324	.172	.090	.049	11	.461	.230	.111	.054	.027	.014
12		.394	.216	.117	.064	12	.539	.285	.142	.071	.036	.019
13		.464	.265	.147	.082	13		.341	.177	.091	.047	.025
14		.536	.319	.183	.104	14		.404	.218	.114	.060	.032
15			.378	.223	.130	15		.467	.262	.141	.076	.041
16			.438	.267	.159	16		.533	.311	.172	.095	.052
17			.500	.314	.191	17			.362	.207	.116	.065
18			.562	.365	.228	18			.416	.245	.140	.080
19				.418	.267	19			.472	.286	.168	.097
20				.473	.310	20			.528	.331	.198	.117
21				.527	.355	21				.377	.232	.139
22					.402	22				.426	.268	.164
23					.451	23				.475	.306	.191
24					.500	24				.525	.347	.221
25					.549	25					.389	.253
						26					.433	.287
						27					.478	.323
						28					.522	.360
						29						.399
						30						.439
						31						.480
						32						.520

表 B・5　U の分布表*

求めた U が表の値またはそれ以下の確率 $p=0.02$（片側確率）
両側確率では $p=0.04$，なお　$U_1+U_2=n_1n_2$

n_1 \ n_2	9	10	11	12	13	14	15	16	17	18	19	20	n_2 \ n_1
2	–	0	0	0	1	1	1	1	1	1	2	2	2
3	0	2	3	3	4	4	5	5	5	6	6	7	3
4	2	5	6	6	7	8	9	10	10	11	12	13	4
5	4	8	9	10	11	12	13	44	16	17	18	19	5
6	6	10	12	13	15	16	18	19	21	23	24	26	6
7	9	13	15	17	19	21	23	25	27	28	30	32	7
8	11	16	18	21	23	25	27	30	32	34	37	39	8
9	14	19	22	24	27	30	32	35	38	40	43	46	9
10	16	22	25	28	31	34	37	40	43	46	50	53	10
11	18	25	29	32	35	39	42	46	49	53	56	60	11
12	21	28	32	36	40	43	47	51	55	59	63	67	12
13	23	31	35	40	44	48	52	56	61	65	69	74	13
14	26	34	39	43	48	53	57	62	67	71	76	81	14
15	28	37	42	47	52	57	62	67	72	78	83	88	15
16	31	40	46	51	56	62	67	73	78	84	89	95	16
17	33	43	49	55	61	67	72	78	84	90	96	102	17
18	36	46	53	59	65	71	78	84	90	96	103	109	18
19	38	50	56	63	69	76	83	89	96	103	110	116	19
20	40	53	60	67	74	81	88	95	102	109	116	123	20

片側確率 $p=0.01$，両側確率 $p=0.02$

n_1 \ n_2	9	10	11	12	13	14	15	16	17	18	19	20	n_2 \ n_1
2	–	–	–	–	0	0	0	0	0	0	1	1	2
3	1	1	1	2	2	2	3	3	4	4	4	5	3
4	3	3	4	5	5	6	7	7	8	9	9	10	4
5	5	6	7	8	9	10	11	12	13	14	15	16	5
6	7	8	9	11	12	13	15	16	18	19	20	22	6
7	9	11	12	14	16	17	19	21	23	24	26	28	7
8	11	13	15	17	20	22	24	26	28	30	32	34	8
9	14	16	18	21	23	26	28	31	33	36	38	40	9
10	16	19	22	24	27	30	33	36	38	41	44	47	10
11	18	22	25	28	31	34	37	41	44	47	50	53	11
12	21	24	28	31	35	38	42	46	49	53	56	60	12
13	23	27	31	35	39	43	47	51	55	59	63	67	13
14	26	30	34	38	43	47	51	56	60	65	69	73	14
15	28	33	37	42	47	51	56	61	66	70	75	80	15
16	31	36	41	46	51	56	61	66	71	76	82	87	16
17	33	38	44	49	55	60	66	71	77	82	88	93	17
18	36	41	47	53	59	65	70	76	82	88	94	100	18
19	38	44	50	56	63	69	75	82	88	94	101	107	19
20	40	47	53	60	67	73	80	87	93	100	107	114	20

表 B・5 (つづき)

求めた U が表の値またはそれ以下の確率 $p=0.05$ (片側確率)
両側確率では $p=0.01$, なお $U_1+U_2=n_1n_2$

n_2 / n_1	9	10	11	12	13	14	15	16	17	18	19	20	n_2 / n_1
2	–	–	–	–	–	–	–	–	–	–	–	0	2
3	0	0	0	1	1	1	2	2	2	2	3	3	3
4	1	2	2	3	3	4	5	5	6	6	7	8	4
5	3	4	5	6	7	7	8	9	10	11	12	13	5
6	5	6	7	9	10	11	12	13	15	16	17	18	6
7	7	9	10	12	13	15	16	18	19	21	22	24	7
8	9	11	13	15	17	18	20	22	24	26	28	30	8
9	11	13	16	18	20	22	24	27	29	31	33	36	9
10	13	16	18	21	24	26	29	31	34	37	39	42	10
11	16	18	21	24	27	30	33	36	39	42	45	48	11
12	18	21	24	27	31	34	37	41	44	47	51	54	12
13	20	24	27	31	34	38	42	45	49	53	57	60	13
14	22	26	30	34	38	42	46	50	54	58	63	67	14
15	24	29	33	37	42	46	51	55	60	64	69	73	15
16	27	31	36	41	45	50	55	60	65	70	74	79	16
17	29	34	39	44	49	54	60	65	70	75	81	86	17
18	31	37	42	47	53	58	64	70	75	81	87	92	18
19	33	39	45	51	57	63	69	74	81	87	93	99	19
20	36	42	48	54	60	67	73	79	86	92	99	105	20

片側確率 $p=0.001$, 両側確率 $p=0.002$

n_2 / n_1	9	10	11	12	13	14	15	16	17	18	19	20	n_2 / n_1
3	–	–	–	–	–	–	–	–	0	0	0	0	3
4	–	0	0	0	1	1	1	2	2	3	3	3	4
5	1	1	2	2	3	3	4	5	5	6	7	7	5
6	2	3	4	4	5	6	7	8	9	10	11	12	6
7	3	5	6	7	8	9	10	11	13	14	15	16	7
8	5	6	8	9	11	12	14	15	17	18	20	21	8
9	7	8	10	12	14	15	17	19	21	23	25	26	9
10	8	10	12	14	17	19	21	23	25	27	29	32	10
11	10	12	15	17	20	22	24	27	29	32	34	37	11
12	12	14	17	20	23	25	28	31	34	37	40	42	12
13	14	17	20	23	26	29	32	35	38	42	45	48	13
14	15	19	22	25	29	32	36	39	43	46	50	54	14
15	17	21	24	28	32	36	40	43	47	51	55	59	15
16	19	23	27	31	35	39	43	48	52	56	60	65	16
17	21	25	29	34	38	43	47	52	57	61	66	70	17
18	23	27	32	37	42	46	51	56	61	66	71	76	18
19	25	29	34	40	45	50	55	60	66	71	77	82	19
20	26	32	37	42	48	54	59	65	70	76	82	88	20

表 B・6 F分布表（両側確率）［上 0.05，下 0.01］

ϕ_2 \ ϕ_1	1	2	3	4	5	6	7	8	9	10	15	20	30	40
2	18.5	19.0	19.2	19.2	19.3	19.3	19.4	19.4	19.4	19.4	19.4	19.4	19.5	19.5
	98.5	99.0	99.2	99.2	99.3	99.3	99.4	99.4	99.4	99.4	99.4	99.4	99.5	99.5
3	10.1	9.55	9.28	9.12	9.01	8.94	8.89	8.85	8.81	8.79	8.70	8.66	8.62	8.59
	34.1	30.8	29.5	28.7	28.2	27.9	27.7	27.5	27.3	27.2	26.9	26.7	26.5	26.4
4	7.71	6.94	6.59	6.39	6.26	6.16	6.09	6.04	6.00	5.96	5.86	5.80	5.75	5.72
	21.2	18.0	16.7	16.0	15.5	15.2	15.0	14.8	14.7	14.5	14.2	14.0	13.8	13.7
5	6.61	5.79	5.41	5.19	5.05	4.95	4.88	4.82	4.77	4.74	4.62	4.56	4.50	4.46
	16.3	13.3	12.1	11.4	11.0	10.7	10.5	10.3	10.2	10.1	9.72	9.55	9.38	9.29
6	5.99	5.14	4.76	4.53	4.39	4.28	4.21	4.15	4.10	4.06	3.94	3.87	3.81	3.77
	13.7	10.9	9.78	9.15	8.75	8.47	8.26	8.10	7.98	7.87	7.56	7.40	7.23	7.14
7	5.59	4.74	4.35	4.12	3.97	3.87	3.79	3.73	3.68	3.64	3.51	3.44	3.38	3.34
	12.2	9.55	8.45	7.85	7.46	7.19	6.99	6.84	6.72	6.62	6.31	6.16	5.99	5.91
8	5.32	4.46	4.07	3.84	3.69	3.58	3.50	3.44	3.39	3.35	3.22	3.15	3.08	3.04
	11.3	8.65	7.59	7.01	6.63	6.37	6.18	6.03	5.91	5.81	5.52	5.36	5.20	5.12
9	5.12	4.26	3.86	3.63	3.48	3.37	3.29	3.23	3.18	3.14	3.01	2.94	2.86	2.83
	10.6	8.02	6.99	6.42	6.06	5.80	5.61	5.47	5.35	5.26	4.96	4.81	4.65	4.57
10	4.96	4.10	3.71	3.48	3.33	3.22	3.14	3.07	3.02	2.98	2.84	2.77	2.70	2.66
	10.0	7.56	6.55	5.99	5.64	5.39	5.20	5.06	4.94	4.85	4.56	4.41	4.25	4.17
12	4.75	3.89	3.49	3.26	3.11	3.00	2.91	2.85	2.80	2.75	2.62	2.54	2.47	2.43
	9.33	6.93	5.95	5.41	5.06	4.82	4.64	4.50	4.39	4.30	4.01	3.86	3.70	3.62
14	4.60	3.74	3.34	3.11	2.96	2.85	2.76	2.70	2.65	2.60	2.46	2.39	2.31	2.27
	8.86	6.51	5.56	5.04	4.70	4.46	4.28	4.14	4.03	3.94	3.66	3.51	3.35	3.27
16	4.49	3.63	3.24	3.01	2.85	2.74	2.66	2.59	2.54	2.49	2.35	2.28	2.19	2.15
	8.53	6.23	5.29	4.77	4.44	4.20	4.03	3.89	3.78	3.69	3.41	3.26	3.10	3.02
18	4.41	3.55	3.16	2.93	2.77	2.66	2.58	2.51	2.46	2.41	2.27	2.19	2.11	2.06
	8.29	6.01	5.09	4.58	4.25	4.01	3.84	3.71	3.60	3.51	3.23	3.08	2.92	2.84
20	4.35	3.49	3.10	2.87	2.71	2.60	2.51	2.45	2.39	2.35	2.20	2.12	2.04	1.99
	8.10	5.85	4.94	4.43	4.10	3.87	3.70	3.56	3.46	3.37	3.09	2.94	2.78	2.69
25	4.24	3.39	2.99	2.76	2.60	2.49	2.40	2.34	2.28	2.24	2.09	2.01	1.92	1.87
	7.77	5.57	4.68	4.18	3.86	3.63	3.46	3.32	3.22	3.13	2.85	2.70	2.54	2.45
30	4.17	3.32	2.92	2.69	2.53	2.42	2.33	2.27	2.21	2.16	2.01	1.93	1.84	1.79
	7.56	5.39	4.51	4.02	3.70	3.47	3.30	3.17	3.07	2.98	2.70	2.55	2.39	2.30
40	4.08	3.23	2.84	2.61	2.45	2.34	2.25	2.18	2.12	2.08	1.92	1.84	1.74	1.69
	7.31	5.18	4.31	3.83	3.51	3.29	3.12	2.99	2.89	2.80	2.52	2.37	2.20	2.11
60	4.00	3.15	2.76	2.53	2.37	2.25	2.17	2.10	2.04	1.99	1.84	1.75	1.65	1.59
	7.08	4.98	4.13	3.65	3.34	3.12	2.95	2.82	2.72	2.63	2.35	2.20	2.03	1.94
∞	3.84	3.00	2.60	2.37	2.21	2.10	2.01	1.94	1.88	1.83	1.67	1.57	1.46	1.39
	6.63	4.61	3.78	3.32	3.02	2.80	2.64	2.51	2.41	2.32	2.04	1.88	1.70	1.59

ϕ_1 は F の分子の自由度，ϕ_2 は F の分母の自由度．

表 B・6（つづき）［上 0.025，下 0.005］

ϕ_2 \ ϕ_1	1	2	3	4	5	6	7	8	9	10	15	20	30	40
2	38.5	39.0	39.2	39.2	39.3	39.3	39.4	39.4	39.4	39.4	39.4	39.4	39.5	39.5
	198.	199.	199.	199.	199.	199.	199.	199.	199.	199.	199.	199.	199.	199.
3	17.4	16.0	15.4	15.1	14.9	14.7	14.6	14.5	14.5	14.4	14.3	14.2	14.1	14.0
	55.6	49.8	47.5	46.2	45.4	44.8	44.4	44.1	43.9	43.7	43.1	42.8	42.5	42.3
4	12.2	10.6	9.98	9.60	9.36	9.20	9.07	8.98	8.90	8.84	8.66	8.56	8.46	8.41
	31.3	26.3	24.3	23.2	22.5	22.0	21.6	21.4	21.1	21.0	20.4	20.2	19.9	19.8
5	10.0	8.43	7.76	7.39	7.15	6.98	6.85	6.76	6.68	6.62	6.43	6.33	6.23	6.18
	22.8	18.3	16.5	15.6	14.9	14.5	14.2	14.0	13.8	13.6	13.1	12.9	12.7	12.5
6	8.81	7.26	6.60	6.23	5.99	5.82	5.70	5.60	5.52	5.46	5.27	5.17	5.07	5.01
	18.6	14.5	12.9	12.0	11.5	11.1	10.8	10.6	10.4	10.2	9.81	9.59	9.36	9.24
7	8.07	6.54	5.89	5.52	5.29	5.12	4.99	4.90	4.82	4.76	4.57	4.47	4.36	4.31
	16.2	12.4	10.9	10.0	9.52	9.16	8.89	8.68	8.51	8.38	7.97	7.75	7.53	7.42
8	7.57	6.06	5.42	5.05	4.82	4.65	4.53	4.43	4.36	4.30	4.10	4.00	3.89	3.84
	14.7	11.0	9.60	8.81	8.30	7.95	7.69	7.50	7.34	7.21	6.81	6.61	6.40	6.29
9	7.21	5.71	5.08	4.72	4.48	4.32	4.20	4.10	4.03	3.96	3.77	3.67	3.56	3.51
	13.6	10.1	8.72	7.96	7.47	7.13	6.88	6.69	6.54	6.42	6.03	5.83	5.62	5.52
10	6.94	5.46	4.83	4.47	4.24	4.07	3.95	3.85	3.78	3.72	3.52	3.42	3.31	3.26
	12.8	9.43	8.08	7.34	6.87	6.54	6.30	6.12	5.97	5.85	5.47	5.27	5.07	4.97
12	6.55	5.10	4.47	4.12	3.89	3.73	3.61	3.51	3.44	3.37	3.18	3.07	2.96	2.91
	11.8	8.51	7.23	6.52	6.07	5.76	5.52	5.35	5.20	5.09	4.72	4.53	4.33	4.23
14	6.30	4.86	4.24	3.89	3.66	3.50	3.38	3.29	3.21	3.15	2.95	2.84	2.73	2.67
	11.1	7.92	6.68	6.00	5.56	5.26	5.03	4.86	4.72	4.60	4.25	4.06	3.86	3.76
16	6.12	4.69	4.08	3.73	3.50	3.34	3.22	3.12	3.05	2.99	2.79	2.68	2.57	2.51
	10.6	7.51	6.30	5.64	5.21	4.91	4.69	4.52	4.38	4.27	3.92	3.73	3.54	3.44
18	5.98	4.56	3.95	3.61	3.38	3.22	3.10	3.01	2.93	2.87	2.67	2.56	2.44	2.38
	10.2	7.21	6.03	5.37	4.96	4.66	4.44	4.28	4.14	4.03	3.68	3.50	3.30	3.20
20	5.87	4.46	3.86	3.51	3.29	3.13	3.01	2.91	2.84	2.77	2.57	2.46	2.35	2.29
	9.94	6.99	5.82	5.17	4.76	4.47	4.26	4.09	3.96	3.85	3.50	3.32	3.12	3.02
25	5.69	4.29	3.69	3.35	3.13	2.97	2.85	2.75	2.68	2.61	2.41	2.30	2.18	2.12
	9.48	6.60	5.46	4.84	4.43	4.15	3.94	3.78	3.64	3.54	3.20	3.01	2.82	2.72
30	5.57	4.18	3.59	3.25	3.03	2.87	2.75	2.65	2.57	2.51	2.31	2.20	2.07	2.01
	9.18	6.35	5.24	4.62	4.23	3.95	3.74	3.58	3.45	3.34	3.01	2.82	2.63	2.52
40	5.42	4.05	3.46	3.13	2.90	2.74	2.62	2.53	2.45	2.39	2.18	2.07	1.94	1.88
	8.83	6.07	4.98	4.37	3.99	3.71	3.51	3.35	3.22	3.12	2.78	2.60	2.40	2.30
60	5.29	3.93	3.34	3.01	2.79	2.63	2.51	2.41	2.33	2.27	2.06	1.94	1.82	1.74
	8.49	5.80	4.73	4.14	3.76	3.49	3.29	3.13	3.01	2.90	2.57	2.39	2.19	2.08
∞	5.02	3.69	3.12	2.79	2.57	2.41	2.29	2.19	2.11	2.05	1.83	1.71	1.57	1.48
	7.88	5.30	4.28	3.72	3.35	3.09	2.90	2.74	2.62	2.52	2.19	2.00	1.79	1.67

表 B・7 基準正規分布表

t に対して $\dfrac{1}{\sqrt{2\pi}}\displaystyle\int_0^t e^{-\frac{t^2}{2}}\,dt$ の値が与えられてある.

	0.00	0.01	0.02	0.03	0.04	0.05	0.06	0.07	0.08	0.09
0.0	000000	003989	007978	011966	015953	019938	023921	027903	031881	035856
0.1	039828	043795	047758	051717	055670	059618	063560	067495	071424	075345
0.2	079260	083166	087064	090954	094835	098706	102568	106420	110261	114092
0.3	117911	121720	125516	129300	133072	136831	140576	144309	148027	151732
0.4	155422	159097	162757	166402	170031	173645	177242	180823	184386	187933
0.5	191463	194974	198468	201944	205402	208840	212260	215661	219043	222405
0.6	225747	229069	232371	235653	238914	242154	245373	248571	251748	254903
0.7	258036	261148	264238	267305	270350	273373	276373	279350	282305	285236
0.8	288145	291030	293892	296731	299546	302338	305106	307850	310570	313267
0.9	315940	318589	321214	323815	326391	328944	331472	333977	336457	338913
1.0	341345	343752	346136	348495	350830	353141	355428	357690	359929	362143
1.1	364334	366501	363643	370762	372857	374927	376976	379000	381000	382977
1.2	384930	386861	388768	390651	392512	394350	396165	397958	399727	401475
1.3	403200	404902	406583	408241	409877	411492	413085	414657	416207	417736
1.4	419243	420730	422196	423642	425066	426471	427855	429219	430563	431888
1.5	433193	434478	435745	436992	438220	439429	440620	441792	442947	444083
1.6	445201	446246	447384	448449	449497	450529	451543	452540	453521	454486
1.7	455435	456367	457284	458185	459071	459941	460796	461636	462462	463273
1.8	464070	464852	465621	466375	467116	467843	468557	469258	469946	470621
1.9	471283	471933	472571	473197	473810	474412	**475002**	475581	476148	476705
2.0	477250	477784	478308	478822	479325	479818	480301	480774	481237	481691
2.1	482136	482571	482997	483414	483823	484222	484614	484997	485371	485738
2.2	486097	486447	486791	487126	487455	487776	488089	488396	488696	488989
2.3	489276	489556	489830	490097	490358	490613	490863	491106	491344	491576
2.4	491803	492024	492240	492451	492656	492857	493053	493244	493431	493613
2.5	493790	493963	494132	494297	494457	494614	494763	494915	495060	495201
2.6	495399	495473	495604	495731	495855	495975	496093	496207	496319	496427
2.7	496533	496636	496736	496833	496928	497020	497110	497197	497282	497365
2.8	497445	497523	497599	497673	497744	497814	497882	497948	498012	498074
2.9	498134	498193	498250	498305	498359	498411	498462	498511	498559	498605
3.0	498650	498694	498736	498777	498817	498853	498896	498930	498965	498999
3.1	499032	499065	499096	499126	499155	499184	499211	499238	499264	499289
3.2	499313	499336	499359	499381	499402	499423	499443	499462	499481	499499
3.3	499517	499534	499550	499566	499581	499596	499610	499624	499638	499651
3.4	499663	499675	499687	499698	599709	499720	499730	499740	499749	499759
3.5	499767	499776	499784	499792	499800	499807	499815	499822	499828	499835
3.6	499841	499847	499853	499858	499864	499869	499874	499879	499883	499888
3.7	499892	499896	499900	499904	499908	499912	499915	499918	499922	499925
3.8	499928	499931	499933	499936	499939	499941	499943	499946	499948	499950
3.9	499952	499954	499956	499958	499959	499961	499963	499964	499966	499967

索引

あ行

ISO　12, 27
アナログ　28
アナログ表示　35
r（相関係数）
　　——の差の検定　151
　　——の分布表　103, 153
Yatesの補正項　108
一次減衰　61
一次の線形微分方程式　75
一次反応
　　——速度定数　63
　　——の減衰曲線　63
因果関係　103
因子分析　121
InStat　121, 123
インターフェログラム　79
Welchの方法　105
運動方程式　75
Excel　121, 123
エクセル統計　121
SI（国際単位系）　8
SE（標準誤差）　95
SAS　124
SD（標準偏差）　95
SPSS　121, 124
F 値　115
F 分布　90, 115
　　——表　159
オイラーの公式　61
大型計算機　124
温　度
　　——の単位　141

か行

回帰直線　53, 99
回帰分析　99, 117, 118
χ^2 検定　90, 108, 117, 118, 119
χ^2 分布　90, 109, 110, 112, 118
　　——表　154
外来語　146
ガウス分布　14
確　度　17, 25
確　率
　　——の先験的定義　126
確率論　126
華　氏　9
箇条書き　141
仮説検定　92
片側確率　92
片側検定　106
加法性　6
感　度　17
感度係数　17, 32
感度限界　17, 29
棄却検定　112
危険率　97, 104
基準器　25
基準正規分布　161
期待数　108
期待値　112
基本単位　9
帰無仮説　92, 97
共変関係　104
距離尺度　6
近似曲線　53, 54
偶然誤差　13, 31, 36
区間推定　91, 92
クラスター分析　121

グラフ化　62
CricketGraph　121
群間変動　114, 115
群内変動　114
計算誤差　45
計測器　17, 25
　　——の保守　30
系統誤差　13, 36
結　論　144
検　定　85
検量線　30
公　差　27
考　察　142
校　正　25, 31
光度の単位　10
公理的接近法　126
恒　量　47
国際単位系（SI）　8
国際標準化機構　12
誤　差　13, 96
　　——の伝播　45, 46, 47
　　——の等分効果　48

さ行

最小二乗法　53, 55
三角関数
　　——の解析的定義　59
　　——の幾何学的定義　59
三角座標系　64
算　木　83
散布図　49, 50, 99
時間の単位　10
時間的順序関係　104
示強変数　7
次　元　11

索 引

視 差 37
JIS 12, 27
指数関数 61
——の積分 69
時 制 141
自然対数 60
質 量
——の単位 10, 141
尺 度 5
重回帰分析 121
修正項(分散分析の) 114
従属変数 99
自由度 93, 118
重 量 141
主成分分析 121
出現数 108
順序尺度 117
常微分方程式 74
常用対数 60
緒 言 130
序数尺度 5
示量変数 7
真の値 12
信頼区間 91, 92

数量化分析Ⅰ類 121
数量化分析Ⅱ類 121
数量化分析Ⅲ類 121
数量化分析Ⅳ類 121
StatView 121, 122, 123
SuperANOVA 121

正確さ 13, 14
精確さ 13
正規分布 14, 87, 112, 118, 125
正準相関分析 121
精 度 13
精密さ 13, 14
赤外吸収スペクトル 79
積 分 68
積分定数 68
説明変数 99
線形微分方程式 75
潜在構造分析 121
全微分 67

相 関 49, 117
相関係数(r) 55, 99
——の検定 117, 118
——の差の検定 151
——の表 103, 153

相対誤差 20
総変動 114
測定回数 37
測定誤差 45
測定値 1, 12
——の補正 33

た 行

第一種過誤 97
第二種過誤 97
多重比較 116, 117, 119
多変量解析 120, 124
単 位 2, 8
——の表記 141

緒 言 130

t 検定 104, 111, 116, 117, 118, 119, 122
t 検定(対応のある場合) 107
t 分布 90, 107
——表 153
テイラー展開 70
適合度の検定 112
デジタル 28
データ 25, 44
——の重み 51, 56
——の直線化 63
DeltaGraph 121
天 秤 17
電流の単位 10

導関数 66
統計学的分析 85
等分散 105
独立変数 99
度 数 87
トレーサビリティ 26

な 行

長さの単位 10
生のデータ 41

二段階反応 76
日本工業規格 12

ノンパラメトリック 88, 110
119

は 行

パラメトリック 88, 118
判別分析 121

比 117
pHメーター 18
微 分 65
微分演算子 67
微分方程式 62, 73
標準誤差 36, 93, 95, 111, 151
標準正規分布 89
標準偏差 15, 44, 93, 95, 118
——の有効数字 23
剽 窃 138
標 本 15
標本数 96
標本標準偏差 16, 87, 149
標本平均値 87
比例尺度 6
品質管理 16

副 尺 38
物質量
——の単位 10
部分積分 69
フーリエ逆変換 82
フーリエ級数 79
フーリエ変換 37, 78
分割表の分析 121
文 献 142
分 散 94
分散分析 113, 116, 117, 119, 121
——の修正項
一元配置の—— 113, 114, 116
二元配置の—— 114
三元配置の—— 116

平 均 117
平均値 15, 93, 118
——の差の検定 104, 118, 122
平方和 93, 114, 150
偏差平方和 111
偏微分方程式 74

母集団　15
補正　33
母標準偏差　15, 87, 149
母平均　87

ま　行

マクローリン展開　70, 73
増山の棄却検定　113
マーフィーの法則　128

名義尺度　5
目盛り　34
目的変数　99

や，ら行

有意差　85
有効数字　19, 23, 35, 54, 55
U検定　110, 117, 119

Uの分布表　155, 157
要約　144

ラジアン　59

離散型データ　8
両側確率　92
両側検定　106, 112

レポート　129
連続型データ　8

小笠原 正明
おがさわらまさあき
- 1943年 岩手県に生まれる
- 1966年 北海道大学理学部 卒
- 現 筑波大学 特任教授
- 専攻 物理化学，大学教育
- 工学博士

細川 敏幸
ほそかわとしゆき
- 1956年 香川県に生まれる
- 1980年 北海道大学理学部 卒
- 現 北海道大学高等教育機能開発総合センター 教授
- 専攻 科学教育，神経科学，衛生学
- 医学博士

米山 輝子
よねやまてるこ
- 1945年 岐阜県に生まれる
- 1968年 東京大学工学部 卒
- 元 北海道大学工学部 講師
- 専攻 合成化学
- 工学修士

第1版 第1刷 2004年3月26日 発行
第2刷 2008年5月30日 発行

化学実験における
測定とデータ分析の基本

© 2 0 0 4

著 者　小笠原 正明
　　　　細川　敏幸
　　　　米山　輝子

発行者　小澤 美奈子

発　行　株式会社 東京化学同人
東京都文京区千石3-36-7(☏112-0011)
電話 03(3946)5311・FAX 03(3946)5316
URL: http://www.tkd-pbl.com/

印　刷　ショウワドウ・イープレス㈱
製　本　株式会社 松岳社

ISBN978-4-8079-0596-6
Printed in Japan